LES MUCÉDINÉES SIMPLES

HISTOIRE, CLASSIFICATION, CULTURE ET RÔLE

DES CHAMPIGNONS INFÉRIEURS

DANS LES MALADIES DES VÉGÉTAUX ET DES ANIMAUX

PAR

J. COSTANTIN

MAÎTRE DE CONFÉRENCES A L'ÉCOLE NORMALE SUPÉRIEURE

PARIS

LIBRAIRIE PAUL KLINCKSIECK

15, RUE DE SÈVRES, 15

1888

LES MUCÉDINÉES SIMPLES

HISTOIRE, CLASSIFICATION, CULTURE ET RÔLE

DES CHAMPIGNONS INFÉRIEURS

DANS LES MALADIES DES VÉGÉTAUX ET DES ANIMAUX

LES MUCÉDINÉES SIMPLES

HISTOIRE, CLASSIFICATION, CULTURE ET RÔLE

DES CHAMPIGNONS INFÉRIEURS

DANS LES MALADIES DES VÉGÉTAUX ET DES ANIMAUX

PAR

J. COSTANTIN

MAÎTRE DE CONFÉRENCES A L'ÉCOLE NORMALE SUPÉRIEURE

PARIS

LIBRAIRIE PAUL KLINCKSIECK

15, RUE DE SÈVRES, 15

1888

INTRODUCTION

Après les travaux de Tulasne, une nouvelle étude
des Mucédinées peut paraître stérile; l'heure peut
sembler mal choisie pour recréer un groupe à
jamais disparu; aussi n'est-ce pas la prétention que
nous avons eue en écrivant ce livre. Les botanistes
mycologues du commencement du siècle croyaient
à l'autonomie de tous les Champignons inférieurs
décrits par eux; on sait que Tulasne et ses succes-
seurs ont démontré que plusieurs de ces Mucédinées n'étaient que des formes conidiennes de Champignons plus élevés. Nous n'avons pas l'intention
de remettre en question cette grande découverte,
mais la démonstration de ce polymorphisme n'a été
faite que pour un très petit nombre d'espèces; il
reste donc tout un monde de formes qui ne peuvent
pas être rattachées avec certitude au système général de la classification.

Certains auteurs admettent que toutes les autres
Mucédinées sont des formes conidiennes d'Ascomycètes; d'autres, plus prudents, et de Bary
est du nombre, se contentent de dire qu'il existe
un certain nombre d'espèces dont les affinités sont

inconnues ; presque tous passent sous silence, dans leur classification, les formes innombrables que l'on faisait jadis rentrer dans cet ancien groupe.

Il est peut-être bon d'exposer de cette manière à des élèves un système en apparence complet, mais pour faire avancer une science en réalité très imparfaite, il faut, au contraire, placer bien en vue le groupe le plus mal connu, afin de montrer aux mycologues de quel côté doivent porter leurs efforts, s'ils veulent arriver à édifier un système rationnel de classification comprenant *tout ce qui est connu*.

La méthode des cultures, grâce à laquelle on peut suivre le développement complet d'un Champignon, permettra seule d'atteindre ce but, mais la description précise des formes observées peut fournir plus rapidement de très nombreux documents.

Si la première méthode est à coup sûr préférable, il ne s'ensuit pas que la seconde doive être négligée. D'ailleurs souvent les cultures ne permettent pas de suivre tout le développement d'une espèce ; il peut être cependant quelquefois très important de la définir avec une grande précision.

Ainsi on n'a pas jusqu'ici trouvé le Champignon auquel il faut rattacher l'*Oidium* de la Vigne. Il est pourtant nécessaire de décrire ce parasite redoutable qui a envahi toute l'Europe, pour le reconnaître et pour le combattre. On s'arrête à l'ancien nom qui le définit uniquement par les caractères observés et non par les caractères présumables.

Non seulement il est utile de bien définir les genres, mais encore il est quelquefois de la plus haute importance de bien distinguer les espèces d'un genre imparfaitement connu. Parmi les *Aspergillus*, l'*A. fumigatus* est pathogène, c'est-à-dire qu'en inoculant ses spores à un lapin, on le tue en un temps très court. On a cru pouvoir attribuer cette propriété à l'*A. glaucus;* une erreur de détermination explique vraisemblablement les divergences des résultats auxquels sont arrivés les expérimentateurs ; il y avait cependant dans ce cas un intérêt capital à avoir une définition précise de ces deux espèces. Ces exemples montrent d'une manière assez probante la nécessité d'adopter une classification provisoire des formes imparfaites, pour qu'il soit inutile de les multiplier.

Quand une science ne doit s'édifier que par fragments, il faut pour la faire progresser utiliser une méthode que tous les naturalistes, les géologues en particulier, emploient avec fruit. On trouve, par exemple, dans un terrain une plante dont les tiges sont seules conservées, on la décrit et on lui donne le nom de *Lepidodendron,* malgré l'insuffisance de nos connaissances ; des cônes isolés qui appartiennent peut-être à cette plante viennent à être rencontrés, on les appelle *Lepidostrobus,* et plus tard, quand la démonstration de l'identité de ces deux formes est faite, on peut supprimer ce dernier nom. Mais il est indispensable, aussi bien en Mycologie qu'en Géologie, de donner des noms provisoires et des descriptions exactes de tout ce que l'on rencontre et de toutes les espèces dont on ne possède qu'une partie du développement; ces fragments seront réunis ultérieurement, s'il y a lieu, et l'édifice général de la science mycologique sera élevé. On peut même ajouter, en supposant cet idéal réalisé, ce qui n'arrivera probablement pas dans un avenir rapproché, que les noms provisoires resteront commodes, car, dans les flores qui permettront d'arriver facilement à une détermination, il faudra classer entre elles les formes imparfaites comme les états parfaits, les premières étant souvent bien plus communes que les seconds.

Il nous a donc paru utile de rechercher toutes les formes inférieures décrites autrefois, en indiquant pour chacune ce que l'on sait actuellement sur leur développement, sur leur forme parfaite, sur leur histoire. Nous nous sommes limités à l'étude des genres de Mucédinées simples, laissant de côté, peut-être pour en faire l'objet d'un autre livre, l'étude des Mucédinées agrégées et des Mélanconiées. Le résultat du dépouillement que nous avons fait nous a amené à cette conviction qu'il y a encore beaucoup à découvrir dans ce groupe mal connu; on y rencontrera certainement autre chose que des formes conidiennes d'Ascomycètes; on y découvrira peut-être des Mucorinées, sans aucun doute des formes conidiennes d'Hyménomycètes, probablement des familles nouvelles, en un mot il y a là tout un continent à explorer de nouveau.

PRÉLIMINAIRES

Définition des Mucédinées simples.

Sous le nom de Mucédinées simples, nous comprendrons tous les Champignons *filamenteux* (1) se développant à la *surface* des matières vivantes ou inanimées et produisant des spores *externes*.

Cette définition nous permet de savoir immédiatement quels groupes doivent être exclus de notre étude. D'abord nous voyons que presque tous les Champignons supérieurs sont en dehors de notre cadre : les Ascomycètes, parce qu'ils possèdent un faux tissu et qu'ils ont les spores internes ; les Basidiomycètes, car leurs filaments sont agrégés en pseudo-parenchyme ; les Mucorinées, puisque leurs spores sont internes ; les Myxomycètes, parce que leur thalle est formé d'un plasmode et que leurs spores naissent à l'intérieur d'un sporange. Les Urédinées et les Ustilaginées ne rentrent pas non plus dans notre définition, puisqu'elles doivent déchirer l'épiderme pour apparaître au dehors.

Toutes les familles précédentes ont été considérées, à tort ou à raison, comme des groupes naturels. Deux groupes qui méritent ce nom peuvent rentrer dans la définition que nous avons donnée, ce sont les Entomophthorées et les Péronosporées. Nous les classerons dans notre tableau em-

(1) C'est-à-dire formés de filaments distincts non réunis en un faux tissu.

pirique de genres en ayant soin d'indiquer, comme pour les formes conidiennes d'Ascomycètes, que leur place est déjà marquée dans la classification définitive.

Inversement, notre définition nous oblige à rejeter en dehors du cercle de nos recherches un certain nombre de formes imparfaites mal connues et qui ont été désignées sous les noms provisoires de Stilbées, Tuberculariées et Mélanconiées. Nous aurons peut-être l'occasion de revenir sur leur étude dans un autre travail. Ce sont pour ainsi dire des Mucédinées agrégées ou internes, qui forment de faux tissus ou qui développent leur fructification à l'intérieur des végétaux supérieurs.

Maintenant que nous avons bien limité les végétaux qui doivent faire l'objet de notre étude, voyons comment nous pourrons nous les procurer et les cultiver.

Herbier de Mucédinées.

L'exiguïté des Mucédinées, la difficulté de leur conservation rebutent les personnes qui pourraient être attirées par l'infinie variété de leurs formes et par la haute portée de leur étude. Les Sphériacées sont l'objet de recherches beaucoup plus nombreuses, parce qu'elles se conservent et qu'elles peuvent être réunies en collection.

Cette collection pourra être faite avec les Mucédinées par un procédé qui réalisera à la fois les avantages de l'*herbier* et de la *serre*, c'est-à-dire qu'il permettra de conserver les types vivants et susceptibles, par conséquent, d'être constamment l'objet d'études nouvelles. Il suffira, pour constituer ce petit musée, de faire l'acquisition une fois pour toutes d'un autoclave et d'une étuve. Chaque espèce ne nécessitera pour sa conservation que l'achat d'un tube à essai qu'on pourra se procurer pour une somme modique (1).

Une fois en possession de ces trois éléments, il y aura deux choses à faire :

(1) Cinq francs le cent.

1° Se procurer les types les plus divers des Mucédinées ;
2° Les isoler et cultiver dans un des tubes à essai.

Voyons comment on peut atteindre ces deux buts.

I. Pour se procurer les espèces les plus nombreuses appartenant aux genres les plus divers, il faut d'abord avoir recours aux anciens procédés de nos devanciers, et tenir grand compte de tous les renseignements qu'ils ont pu nous donner.

Certaines espèces peuvent s'obtenir dans le laboratoire, mais les excursions nous fourniront toujours les matériaux les plus nombreux pour notre étude. Pendant ces courses, il faudra savoir diriger ses recherches ; il est certaines espèces que l'on peut trouver à coup sûr. Les grands Champignons, en décomposition, les cadavres d'Insectes serviront à faire découvrir plusieurs espèces qui y poussent d'une manière constante. Les vieux arbres tombés, les brindilles à terre, les feuilles mortes, doivent être examinés aussi bien que les végétaux vivants. Fréquemment il est bon de ramasser les parties en apparence intactes, elles se moisissent bien vite dans la boîte d'herborisation ou au laboratoire. Au retour, tous ces matériaux doivent être isolés et déposés dans des coupelles poreuses placées sur des assiettes et recouvertes d'un disque de verre ou d'une cloche ; une petite quantité d'eau placée dans l'assiette maintient l'atmosphère constamment saturée de vapeur d'eau. Au bout de quelques jours, tout un monde microscopique s'est levé, des forêts entières ont apparu qui peuvent déjà faire l'objet de nos études.

Les crottins de différents animaux constituent une autre ressource des laboratoires. Placés sous cloche, au bout de quelques jours, ils se couvrent de Mucorinées qui ne doivent pas faire l'objet de nos recherches ; bientôt cette première végétation s'épuise et fait place à un très grand nombre de formes très curieuses, parasites sur les premières ou vivant d'une manière indépendante. A côté de ces crottins, on peut faire moisir des pruneaux (pour avoir les *Aspergillus*), des oranges, des citrons, du pain, des pommes de terre, du papier, de la corde, et bien d'autres substances sur lesquelles on est à peu près certain de voir apparaître des formes nouvelles.

II. Nous nous sommes ainsi procuré les sources de nos études; malheureusement elles sont mélangées entre elles et leur existence est éphémère. Si nous voulons suivre leur développement, assister à leurs métamorphoses il faudra les cultiver sur les milieux appropriés et les purifier en les isolant.

Deux nouveaux problèmes se posent donc :

1° Trouver un milieu de culture ;

2° Séparer les Champignons les uns des autres, les purifier.

1° Milieu de culture.

La recherche du milieu de culture est souvent un problème difficile dont le hasard donne quelquefois la solution. Il est nécessaire de faire des semis sur les substances les plus diverses, mais il est toujours utile de tenir compte des renseignements que donne l'observation. On cultivera presque avec certitude les espèces coprophiles sur le fumier des animaux où on les trouve ou sur la décoction de crottin ; d'autres espèces réussiront sur la pomme de terre, sur la mie de pain imprégnées de liquides divers, liquide Raulin, jus d'orange, jus de citron, eau de levûre, etc. La pomme de terre imprégnée de liquides variés est un milieu très favorable de culture.

Pour préparer le tube qui doit contenir la Mucédinée que l'on veut conserver, on le chauffe dans l'étuve à sec à 180° pendant une heure pour tuer les spores; puis on introduit dans ce tube bouché par un tampon de coton la pomme de terre ou n'importe quelle autre substance, et on reporte le tout dans l'autoclave à la température de 110° ou 115°, pendant dix minutes.

On doit alors faire le semis dans le tube refroidi en prenant une quantité aussi faible que possible de spores à l'extrémité d'un fil de platine qui vient d'être passé dans la flamme afin de détruire les germes étrangers. On débouche le tube pendant une seconde et on dépose les spores sur le milieu où elles doivent se développer. Après ce premier ensemencement, si la culture n'a pas réussi, il faut essayer d'autres liquides; si elle a réussi, il faut la purifier.

2° Purification.

Pour purifier et isoler complètement la végétation qui nous intéresse, on fait un deuxième, un troisième semis sur le milieu où elle se développe. La seconde culture ou la troisième donnent fréquemment l'espèce seule.

Le résultat que nous cherchions est donc ainsi obtenu, nous avons dans un tube une culture d'une seule espèce ; le milieu étant stérilisé et le Champignon purifié, nous n'aurons jamais qu'elle. Plusieurs difficultés se présenteront alors, dont la pratique donnera la solution ; le milieu nutritif s'épuisera et la moisissure mourra, ou bien une autre forme reproductrice apparaîtra. Si la Mucédinée meurt, il faudra savoir par l'expérience pendant combien de temps les spores garderont leur pouvoir germinatif. On sait déjà que, pour quelques espèces, ce temps est assez long, plusieurs mois ou même plusieurs années. Au bout de ce temps, il faudra ensemencer d'autres tubes absolument comme on passe un herbier au sulfure de carbone pour éviter sa destruction. Si une autre forme reproductrice apparaît, ses spores pourront de nouveau donner dans les conditions initiales la première forme ; sinon, il faudra refaire de nouveaux semis avant l'apparition du deuxième appareil reproducteur, ou bien chercher un milieu mieux approprié, l'empêchant de se former.

Nous allons maintenant procéder à la revision de toutes les formes qui ont été décrites et donner le moyen de connaître les végétaux que nous saurons cultiver; dans un dernier chapitre nous tirerons les conclusions que cet examen nous aura fournies.

TABLEAU DES GENRES DE MUCÉDINÉES SIMPLES

Spores ou chapelets de spores insérés sur un appareil spécial :
- en forme d'*ampoule arrondie* ou *sphérique*... 1er Groupe, p. 7.
- en forme de *nacelle* (spores d'un seul côté sur cet appareil).................... 2e Groupe, p. 8.
- constitué par des *articles* renflés ou d'une autre coloration que le reste du filament. 3e Groupe, p. 8.

Spores ou chapelets de spores insérés directement sur les filaments.

Spores ou chapelets de spores sans enveloppe mucilagineuse.

Filaments fructifères dressés longs, tous *fertiles*.

Filaments fertiles *simples*..
- terminés par *une* spore ou un chapelet de spores. 4e Groupe, p. 9.
- portant *plusieurs* spores terminales ou latérales ou des chapelets de spores).............. 5e Groupe, p. 12.

Filaments fertiles *ramifiés*.
- Rameaux fructifères courts *uniquement* à la *partie supérieure* du pied....... 6e Groupe, p. 14.
- Rameaux à toutes les hauteurs.
  - Rameaux en verticilles.. 7e Groupe, p. 15.
  - Rameaux non verticillés. 8e Groupe, p. 16.

Filaments *dressés* de *deux* sortes, les uns *stériles*, les autres *fertiles*. 9e Groupe, p. 19.

Filaments fructifères *couchés* ou *courts*..
- Filaments couchés....... 10e Groupe, p. 20.
- Filaments courts........ 11e Groupe, p. 21.

Spores *enveloppées d'un mucilage* comme d'une auréole pâle ou englobées dans un mucilage général se dissolvant quelquefois instantanément dans l'eau...... 12e Groupe, p. 25.

Spores naissant en chapelet à l'extrémité et *à l'intérieur d'un filament* qui reste à l'état de tube vide après leur sortie.. 13e Groupe, p. 25.

Champignon ne produisant pas de spores.. 14e Groupe, p. 25.

1er GROUPE. — Spores ou chapelets de spores fixés sur une *sphère*.

1º Spores en *chapelet.*

Pied *simple* portant une seule tête sporifère (accid. deux pieds et deux têtes) hérissée de stérigmates (1).

- Stérigmate *unicellulaire* supportant *un* chapelet de spores............. **Aspergillus**, p. 26.
- Stérigmate *unicellulaire* supportant deux à cinq *stérigmates secondaires* qui se terminent eux-mêmes chacun par *un* chapelet de spores........ **Sterigmatocystis**, p. 31.
- Stérigmate *bi* ou *tricellulaire :* chacune de ces trois cellules superposées porte *plusieurs* chapelets de spores............................... **Dimargaris**, p. 34.

Pied *divisé* un grand nombre de fois et portant un *grand nombre* de têtes sporifères couvertes de stérigmates *bicellulaires* portant chacun *un* chapelet de spores...................... **Dispira**, p. 36.

2º Spores *isolées.*

Pied *simple* ou très peu ramifié.

- Spores fixées sur une seule sphère.
  - Sphère sporifère toujours *terminale.*
    - Pied *non cloisonné*, spores *noires.* **Rhopalomyces**, p. 37.
    - Pied *cloisonné ;* pied et spores in-colores ou faiblement colorés. **Œdocephalum**, p. 38.
  - Sphère sporifère fréquemment *latérale.* Pied *cloi-sonné, noir ;* spores noires ou incolores.......... **Œdemium**, p. 39.
- Spores fixées sur *plusieurs* sphères qui ont elles-mêmes bourgeonné sur des sphères plus grosses de même origine ; les premières nées sur le pied. **Nematogonium**, p. 40.

Pied *très ramifié.* Spores fixées sur *plusieurs* sphères.

- Sphères sporifères *terminales.*
  - Filaments *renflés* aux dichotomies, *non cloisonnés..* **Stilbodendron**, p. 41.
  - Filaments *non renflés* aux ramifications, *cloisonnés..* **Acmosporium** (2), p. 43.
- Sphères sporifères sur de courtes branches *latérales.*
  - Rameaux fructifères *renflés à leur extrémité en une sphère* hérissée de cellules pointues surmontées chacune d'une petite sphère sporifère........... **Harzia**, p. 42.
  - Rameaux fructifères portant *directement* une à six sphères sporifères à leur sommet............ **Botryosporium**, p. 43.

(1) Cellules allongées différant par leur forme des chapelets de spores qu'elles supportent. — (2) Le genre *Cystophora* est très voisin mais les filaments sont à hile circulaire, p. 46. Voir également *Pachybasium*, p. 113 et *Cylindrodendron*, p. 127.

2ᵉ Groupe. — **Spores portées sur des appareils en forme de** *nacelle.*

Pied simple dressé...............
 { Appareil sporifère entouré d'un involucre.......... **Coronella, p. 47.**
 { Appareil sporifère sans involucre.................. **Kickxella, p. 50.**

Pied présentant à sa partie supérieure un *verticille* de rameaux (qui portent latéralement les appareils sporifères)........ .... **Cöemansia, p. 49.**

Pied ramifié irrégulièremeut.. **Martensella, p. 48.**

3ᵉ Groupe. — **Filaments** *articulés* **présentant des spores ou chapelets de spores à chaque articulation.**

Spores s'insérant *directement* sur les articulations.

Articulations sporifères *renflées.*

  Spores *sans* cloison.

    Spores *non* en chapelet.

      Plante incolore ou faiblement colorée.................... **Gonatobotrys, p. 52.**

      Plante noirâtre............. **Gonatobotryum, p. 53.**

    Spores *en chapelet*............................ **Gonatorrhodon, p. 53.**

  Spores ayant *une* cloison.................................... **Arthrobotrys, p. 53.**

Articulations sporifères *non renflées.*

  Spores *sans* cloison.

    Spores *incolores* ou faiblement colorées............. **Polyactis, p. 132.**

    Spores *noires.*

      Spores allongées *ovoïdes*................... **Arthrinium, p. 56.**

      Spores *anguleuses.*

        Spores toutes terminales (celles des articles inférieurs étant tombées)................. **Camptoum, p. 56.**

        Spores latérales............. **Goniosporium, p. 102.**

  Spores ayant *plusieurs* cloisons parallèles. Filaments et spores noirs. **Sphondylocladium, p. 122.**

Spores *ne s'insérant pas directement* sur les articulations...........................

  Capitules de spores à l'extrémité de courts rameaux insérés sur les nœuds renflés... **Gonytrichum, p. 58.**

  Spores bourgeonnant sur des sphères qui sont des bourgeons ; bourgeons primaires sur les nœuds. .... **Nematogonium p. 49.**

4ᵉ Groupe. — **Filament** *simple* **terminé par** *une* **spore ou** *un* **chapelet de spores**.

Filaments terminés par *une* spore...

- Spore *sans* cloison.. I, p. 9.
- Spore ayant *une* cloison............................. II, p. 10.
- Spore ayant *plusieurs* cloisons *parallèles* entre elles.... III, p. 10.
- Spores en forme d'*étoile* ou à trois branches ; cloisons parallèles dans chaque branche.................... IV, p. 11.
- Spores ayant des cloisons dans *plusieurs directions* et formant un *massif* cellulaire..... .... V, p. 11.

Filaments terminés par *un chapelet* de spores................................... VI, p. 11.

Spores *incolores* ou non colorées en noir ou vert noirâtre.

Spores *non projetées.*

Spores hérissées de verrues ou de tubercules

Sp. hérissées de pointes nombreuses.
- Champignon saprophyte.. **Sepedonium** (1), p. 59.
- Champignon parasite..... **Pellicularia**, p. 60.

Spore présentant un petit nombre de gros tubercules................ **Asterophora**, p. 61, 202.

Spores lisses.

- Spore sphérique, rose, assez grosse.... **Hyphoderma**, p. 62.
- Spore ovale
  - à membrane mince....... **Acremonium** (2), p. 62.
  - à membrane épaisse...... **Asterophora**, p. 61, 202.

Spores *projetées* et surmontant une ampoule.................... **Empusa**, p. 199.

Spores *noires* ou brunes.

- Filaments accidentellement simples, le plus souvent ramifiés.................. **Virgaria**, p. 127.

Filaments toujours simples.

- Filaments stériles couchés *très nombreux*......................... **Acremoniella**, p. 62.
- Filaments stériles très *peu apparents*..........
  - Filaments fertiles isolés et longs........ **Monotospora**, p. 63.
  - Filaments fertiles groupés et courts..... **Hadrotrichum**, p. 63.

(1) Si le mycélium n'est pas cloisonné, on a affaire aux stylospores des Mortierellées et Syncéphalées, p. 60. — (2) Voir *Tuburcinia*, p. 202.

II.

Filaments fructifères et spores *incolores* ou non colorés en noir.

Filament fructifère haut et droit............................... Trichothecium, p. 64.

Filament fructifère long et ondulé............................. Bostrichonema, p. 65.

Filament fructifère court.

Champignon se développant sous des êtres mourants ou sur des substances sans vie (1).

Spore hérissée de saillies. Mycogone, p. 65.

Spore lisse.............. Didymopsis, p. 67.

Champignon se développant sur des plantes bien vivantes (2), spores lisses.............................. Didymaria, p. 67 et 200.

Filaments fructifères *incolores*, spores *noires* et hérissées de tubercules.............. Trichocladium, p. 71.

Filaments fructifères *noirâtres*

ondulés et étranglés... Folythrincium, p. 68.

longs et filiformes... Passalora, p. 68.

courts... Fusicladium, p. 69.

III.

Filaments fructifères et spores *incolores* ou non colorés en noirâtre.

Champignon saprophyte.

Filaments stériles nombreux.................. Monacrosporium, p. 72.

Filaments stériles rares ou nuls.............. Dactylella, p. 72.

Champignon parasite.

Spore ovale............................. Ramularia, p. 72.

Spore pyriforme........................ Piricularia, p. 74.

Spore allongée, étroite.................... Cercosporella, p. 74.

Filaments ou spores *noirs*.

Spore n'ayant pas de longs cils.

Spores lisses.

Filament fructifère rigide.

Spores très allongées.... Helminthosporium, p. 76.

Spores courtes, ovoïdes.. Brachysporium, p. 77.

Filament fructifère mou.

Spores très allongées en croissant............. Cercospora, p. 77.

Spore piriforme, courte. Napicladium, p. 77.

Spore hérissée de proéminences....................... Heterosporium, p. 78.

Spore avec un ou deux cils................................. Camposporium, p. 79.

(1) Saprophyte. — (2) Parasite.

(1) Voir *Acrasis*, sont des Myxomycètes à spores en chapelets.

5ᵉ Groupe. — **Filament fructifère** *simple* **portant** *plusieurs* **spores ou chapelets de spores à la pointe ou sur le côté.**

Spores non en chapelet ....
- Spores *en capitule* à l'extrémité du filament (souvent en petit nombre).... I, p. 12.
- Spores plus ou moins *espacées* vers l'extrémité du pied (toujours en petit nombre) II, p. 13.
- Spores très nombreuses groupées en une *masse allongée* et dense à la partie supérieure du pied.... .... III, p. 13.
- Spores insérées sur le côté du pied *dès la base*.......................... IV, p. 13.

Spores en chapelet.. V, p. 13.

3.

Spores non insérées sur des basides terminales.

Spores *sans* cloison.

Pied et spores *incolores* ou non colorés en noir.

Spores *sans* mucilage.
- Filaments sporifères *longs* portant de *nombreuses* spores.... **Haplotrichum**, p. 90.
- Filaments sporifères *courts* et minces surmontés d'un petit nombre de spores........... **Cephalosporium**, p. 91.

Spores produisant un mucilage qui enveloppe les spores comme dans une sphère....... **Hyalopus**, p. 189.

Pied ou spores *noirs*.
- Filaments fructifères *courts* unicellulaires, terminés par une à quatre spores........... **Zygodesmus**, p. 91.
- Filaments fructifères longs, pluricellulaires.
  - Pied blanc à articles noirs............. **Camptoum**, p. 56.
  - Pied noir............ **Acrotheca**, p. 92.

Spores ayant *une* cloison.
- Spores et pied incolores ou non colorés en noir....... **Cephalothecium**, p. 93.
- Spores et pieds noirs.............................. **Cordana**, p. 95.

Sp. ayant *plusieurs* cloisons parallèles.
- Pied et spores *incolores* ou faiblement colorés......... **Dactylaria**, p. 145.
- Pied et spores *noirs*............................ **Acrothecium**, p. 95.

Spores cloisonnées suivant *plusieurs directions*, en mur............... **Dactylosporium**, p. 96.

Spores en capitules mais sur de courtes *basides* qui surmontent le pied....................

Spores *sans* cloison.
- Spores solitaires incolores.............. **Fuckelina**, p. 96.
- Spores noires en capitule.............. **Stachybotrys**, p. 97.

Spores ayant *plusieurs* cloisons parallèles................... **Phragmostachys**, p. 97.

| | | | Spores ovoïdes..... | **Acladium** (1), p. 97. |

<pre>
                           (Spores insérées (Filaments   (Spores ovoïdes.....   Acladium (1), p. 97.
                           { latéralement   { et spores *incolores*
    (Spores *sans* cloison.{ sur le pied.   (ou non colorés en noir.(Spores cylindriques.   Cylindrotrichum (2), p. 98.
    | ((Filaments ou spores *noirs*...............   Chloridium, p. 98.
    | (Spores terminales ou latérales, insérées sur des denticulations
 II.{   du pied...   Rhinotrichum, p. 99.
    | Spore ayant *une* cloison..   Scolecotrichum, p. 99.
    (Spores ayant *plusieurs* cloisons parallèles................................   Pleurophragmium, p. 100.

      (Spores ovoïdes...   Doratomyces, p. 100.
 III.{ Spores en bâtonnets cylindriques..   Cylindrocephalum, p. 101.

      (Spore spiralée.....(Filament fructifère faiblement coloré.........................   Helicomyces, p. 101.
      | (Filament fructifère noir.....................................   Helicosporium, p. 102.
 IV. {   (Spore anguleuse unicellulaire.................. ....   Goniosporium, p. 102.
      | | (Spore de côté...... Coccosporium, p. 103.
      (Spore non spiralée. (Spore arrondie pluricellulaire...........{ Spore à la base.
                                                                        (Champignon en
                                                                          glomérules.......   Trichægum, p. 155.

    (Chapelets en capitule à l'extrémité du pied, spores simples.........................   Briarea, p. 103.
 V. {
    (Chapelets insérés latéralement, spores bicellulaires...............................   Hormiactis, p. 104.
</pre>

(1) Le genre *Haplaria* très voisin est un peu ramifié, p. 138.
(2) Le genre *Glenospora* est voisin, mais il est un peu ramifié et les spores sont noires, p. 140.

6ᵉ GROUPE. — **Filament** *simple* **portant à sa** *partie supérieure seulement* **de courts rameaux fructifères.**

Partie sporifère formant une *tête* *arrondie.*	Tête non gélatineuse.	Pied et spores *noirs.*	Rameaux fructifères *arrondis* à l'extrémité.	Spores insérées sur des basides.	Pas de basides.	Champignon saprophyte........	**Periconia**, p. 105.
						Champignon parasite..........	**Periconcella**. p. 106.
					Spore sans cloison	incolore	**Fuckelina**, p. 96.
						noire................	**Stachybotrys**, p. 97.
					Spore ayant plusieurs cloisons parallèles...................		**Phragmostachys**, p. 97.
			Rameaux fructifères *pointus* à l'extrémité..............				**Trichocephalum**, p. 106.
		Pied incolore, spore faiblement colorée......................					**Amblyosporium**, p. 106.
	Tête gélatineuse.	Filament principal *incolore*................................					**Gliocladium**. p. 187.
		Filament principal brun...........	Spores en chapelet......................				**Hautzschia**, p. 188.
			Spores non en chapelet.................				**Scopularia**, p. 188.
Partie sporifère formant un *pinceau* plus ou moins *étalé.*	Spores et filaments *incolores* ou non colorés en noir.	Pied à rameaux sporifères *non verticillés*..............					**Penicillium**. p. 108.
		Rameaux sporifères en *verticilles*.....................					**Spicaria**, p. 122.
		Pas de rameaux sporifères..........................					**Briarea**, p. 103.
	Spores ou filaments *noirâtres.*	Rameaux opposés connés..........................					**Scopularia**, p. 186.
		Rameaux non opposés.	Rameaux sporifères *parallèles* à peu près à l'axe................................				**Haplographium**, p. 111.
			Rameaux sporifères *obliques* par rapport à l'axe (qui est ramifié en réalité)........				**Hormodendron**, p. 111.

7e Groupe. — **Filaments fructifères** *ramifiés* à **rameaux** en *verticilles*.

Spores non en chapelet.	Sp. *sans* cloison...	Filaments et spores *incolores* ou non colorés en noir.	Spores le plus souvent solitaires tombant successivement...............	I, p. 15.
			Spores en capitule ou en épi dense................	II, p. 15.
		Filaments ou spores *noirs*................		III, p. 16.
	Spores ayant *une* cloison................			IV, p. 16.
	Spores ayant *deux ou plusieurs* cloisons parallèles entre elles..........			V, p. 16.
Spores en chapelet................				VI, p. 16.

I.	Extrémité des rameaux.	Estrémité des rameaux fructifères renflée en une petite ampoule supportant la spore.		**Pachybasium**, p. 113.
		Extrémité des rameaux non renflée.	Spores *arrondies* ou *ovoïdes*.	Spore tombant facilement................	**Verticillium**, p. 114.
				Spore tombant difficilement................	**Cladobotryum**, p. 115.
			Spores *cylindriques allongées*.	Rameau fructifère droit................	**Acrocylindrium**, p. 115.
				Rameau fructifère crochu................	**Uncigera**, p. 116.
II.	Spores disposées en *capitules*.	Capitules se détruisant instantanément dans l'eau................		**Acrostolagmus**, p. 117.
		Capitules ne se détruisant pas dans l'eau.	Rameaux fructifères non renflés................	**Cladobotryum**, p. 115.
			Rameaux fructifères renflés verruqueux..........	**Calcarisporium**, p. 113.
	Sp. en *épis*..	Épi à tige fine, spore pédicellée................		**Sceptromyces**, p. 118.
		Épi à tige large, spore sessile................		**Clonostachys**, p. 119.

I. Filaments et spores incolores.

- Spores globuleuses.
  - Filament ramifié assez bas.
    - Ramifications non en réseau............... Monosporium (1), p. 125.
    - Ramification *en réseau*................... Dictyonema, p. 125.
  - Filament ramifié dans la partie supérieure.
    - Champignons formant des œufs, spores donnant souvent des zoospores........ Peronosporées, p. 198.
    - Zoospores et œufs inconnus............ Siphopodium, p. 126.
- Spores cylindriques.
  - Pas de baside au-dessous de la spore................ Cylindrophora, p. 126.
  - Baside renflée au-dessous de la spore.................... Cylindrodendron, p. 127.
- Filaments ou spores *noirs* ou *bruns.*
  - Filaments droits.. Virgaria, p. 127.
  - Filaments ondulés..................................... Streptothrix, p. 128.

II. Spores et filaments incolores ou faiblement colorés.

- Spore *sans mucosité.*
  - Filaments *irrégulièrement rumifiés.*
    - Extrémité des rameaux *ni renflée ni en crête.*
      - Filaments en masse compacte, bas...................... Trichoderma, p. 129.
      - Filaments distincts, élevés.
        - Rameaux fructifères *pointus* à l'extrémité..... Botrytis, p. 129.
        - Rameaux fructifères *arrondis* à l'extrémité..... Polyactis, p. 132.
    - Extrémité des rameaux *denticulée*........ Cristularia, p. 134.
    - Extrémité des rameaux légèrement renflée. Nodulisporium, p. 135.
  - Filament simple portant à son extrémité *un capitule de rameaux* secondaires; spores en capitule................... Spicularia, p. 136.
- Spore *avec mucosité*.......... .... Tolypomyria, p. 137.

Spores *brunes* en capitules................................ .... Synsporium, p. 138.

(1) Voir *Entomophthora*, p. 199.

VII.

Spores *sans* cloison —
- Spores du chapelet *non* séparées par des isthmes. .... **Dematium** (1), p. 145.
- *Isthmes* entre les spores............................... **Prophytroma**, p. 145.

Spores ayant *une* cloison... **Diplococcium**, p. 146.

Spores ayant *plusieurs* cloisons parallèles entre elles................................ **Dendryphium**, p. 147.

Spores ayant des cloisons dans *deux directions rectangulaires*........................ **Fumago**, p. 158.

———

9ᵉ GROUPE. — **Filaments dressés de deux sortes, les uns *fertiles* en général courts, les autres *stériles* en général longs.**

Sp. non en chapelet.

Spores unicellulaires.

Spores solitaires.

Filaments stériles simples.

Filaments *fertiles* simples, courts.

Filaments stériles *droits* ou *tordus*.
- Filaments fertiles *distincts*............... **Sarcopodium**, p. 148.
- Filaments fertiles naissant des filaments stériles............... **Zygosporium**, p. 149.

Filaments stériles en *crosse*........ **Helicotrichum**, p. 150.

Filaments *fertiles* ramifiés.................... **Botryotrichum**, p. 150.

Filaments *stériles ramifiés*. ....
- Filaments fertiles *distincts* des filaments stériles.................. **Circinotrichum**, p. 150.
- Filaments fertiles *naissant sur* les filaments stériles............... **Ceratocladium**, p. 151.

Spores en capitule....
- Filaments stériles simples.............. .... **Bolacotricha**, p. 151.
- Filaments stériles ramifiés à la base... .... **Myxotrichum**, p. 152.

Spores groupées sur de courtes basides. Filaments stériles simples...... **Beltrania**, p. 153.

Spores *pluricellulaires*, à cloisons dans deux directions rectangulaires.............. .... **Septosporium** (?), p. 153.

Spores *en chapelet* bicellulaires. Filaments stériles simples; filaments fertiles ramifiés........ **Hormiactella**, p. 155.

(1) Les *Hormodendron* voisins en diffèrent par le groupement des chapelets en pinceaux. — (2) *Trichægum* voisin à spores arrondies, p. 154.

10ᵉ Groupe. — **Filaments fructifères *couchés* plus ou moins ramifiés.**

I. Spores *non en chapelet.*

Une seule sorte de spores.

Spores *sans* cloison.

Spores *incolores ou non colorées en noir.*

Spores échinulées.
- Champignon saprophyte............ Sepedonium, p. 59.
- Champignon parasite............. Pellicularia, p. 60.

Spores lisses.
- Champignon non *parasite des animaux.*
  - Spores sur des denticulations........... Sporotrichum, p. 156.
  - Spores pédicellées.... Sporadospora, p. 156.
- Champignon parasite d'animaux. .. Microsporon, p. 157.

Spores ou filaments *noirs.*
- Spores latérales................................ Campsotrichum, p. 138.
- Spores terminales.
  - Spores noires.................... Trichosporium, p. 140.
  - Spores incolores................. Cladorrhinum, p. 142.

Spores ayant *une* cloison.
- Spore non colorée en noir, échinulée........................ Mycogone, p. 65.
- Spore colorée en brun verdâtre............................. Cladosporium, p. 142.

Spores ayant *plusieurs* cloisons parallèles entre elles....................... Blastotrichum, p. 144.

Spores ayant des cloisons dans *plusieurs directions*............... .... Stemphylium, p. 84.

Deux sortes de *spores.*

Forme reproductrice rampante associée à des filaments dressés verticillés sporifères.
- Sp. unicellulaires (forme ramp.).... Sepedonium, p. 59.
- Sp. bicellulaires (forme ramp.)..... Mycogone, p. 65.

Les deux formes sont rampantes. Premières spores en forme de faux, la seconde est un massif de cellules.. Sarcinella, p. 157.

II. Spores en *chapelet*... Fumago. p. 158.

IIᵉ Groupe. — **Filaments fructifères très** *courts* **ou** *nuls.*

Spores *solitaires* sur les filaments ou filaments nuls.
- Spores *sans* cloison... I, p. 21.
- Spores ayant *une* cloison.. II, p. 21.
- Spores ayant *plusieurs* cloisons parallèles.......................... III, p. 22.
- Spores ayant des cloisons dans *plusieurs directions*................ IV, p. 23.
- Spores en *étoile* ou ayant plusieurs branches....................... V, p. 23.

Spores en *glomérules* ou en capitules... VI, p. 23.

Spores en *chapelet*....
- Spores *sans* cloison.. VII, p. 24.
- Spores ayant *au moins une* cloison.. VII, p. 24.

1.
- Filaments *nuls* ou presque nuls.
  - Champignon se développant dans le corps des insectes............. **Massospora**, p. 161.
  - Champignon non parasite.
    - Sp. *incolores* ou non colorées en noir.
      - Cellules bourgeonnantes et se séparant les unes des autres (état végétatif) (1). **Saccharomyces**, p. 162.
      - Spores non bourgeonnantes......... **Chromosporium**, p. 161.
    - Spores *noires.*
      - petites, jamais échinulées............ **Coniosporium**, p. 162.
      - grosses, quelquefois échinulées...... **Erysibe**, p. 164.
- Filaments *courts* seulement.
  - Spores *non colorées* en brun.
    - Spores sphériques.
      - Spore rosée........................ **Hyphoderma**, p. 62.
      - Spore d'une autre couleur... .... **Coccospora** (2), p. 164.
    - Spores ovoïdes..................................... **Microstroma**, p. 165.
  - Sp. colorées en *noir.*
    - Spores globuleuses........ . ... **Hadrotrichum**, p. 63.
    - Spores fusiformes................. .... **Fusella**, p. 165.

(1) Pouvant être confondues avec des spores. — (2) *Protomyces.*

II.
- Spores et filaments *incolores* ou non colorés en noir
  - Cellule supérieure de la spore *échinulée* .... **Mycogone**, p. 65.
  - Spore *lisse*....
    - Champignon saprophyte............ **Didymopsis**, p. 67.
    - Champignon parasite.............. **Didymaria**, p. 67 et 202.
- Filaments noirs, spore jaune-verdâtre, filaments stériles enroulés.................. **Cycloconium**, p. 165.
- Spore *noire*..................
  - Spore échinulée.................................. **Trichocladium**, p. 71.
  - Spore lisse....
    - Spore arrondie vers le haut........ **Dicoccum**, p. 166.
    - Spore amincie vers le haut.......... **Fusicladium**, p. 69.

III.
- Spores *fusiformes*.............
  - *incolores* ou non colorées en noir.
    - Spores avec un ou plusieurs appendices à la pointe................. **Mastigosporium**, p. 166.
    - Spore sans appendice............ . **Fusoma**, p. 166.
  - *noires*
    - droites, très longues, souvent étranglées, irrégulières............... **Clasterosporium**, p. 167.
    - courbées et nettement fusiformes... **Fusariella**, p. 168.
- Spores *cylindriques* très allongées, noires, renflées quelquefois en certains points.... **Clasterosporium**, p. 167.
- Spores *ovoïdes* (noires)........
  - allongées..................................... *Cl. Brachydesmium*, p.167.
  - courtes...................................... **Stigmina**, p. 168.
- Spores *courbées* à la partie *supérieure*........
  - Filaments peu développés, non renflés au sommet..................... **Ceratophorum**, p. 168.
  - Filaments couchés et renflés au sommet............................. **Urosporium**, p. 169.

Spores ayant plusieurs *cornes* cloisonnées au sommet............................... **Tetraploa**, p. 169.

IV. Spores *sans cornes.*

Spores divisées *irrégulièrement* et ayant l'aspect d'un mur.

Spores arrondies. — Champignon étalé................. **Sporodesmium**, p. 169.

Champignon punctiforme........... **Stigmella**, p. 170.

Masse cellulaire *irrégulière* (1). — Cellules désagrégées plus ou moins à contour *non délimité*........... **Coniothecium**, p. 171.

Contour délimité (état végétatif).... **Laboulbenia**, p. 171.

Spores formées de cellules en bandes parallèles *arquées.* — Cellules s'isolant en chapelets...... **Speira**, p. 172.

Cellules ne s'isolant pas............. **Dictyosporium**, p. 173.

V. Spores *incolores* ou non colorées en noir.

Spores avec *cils.*.. **Titæa**, p. 80.

Spores sans cils. — Spore en étoile à trois branches.................. **Trinacrium**, p. 80.

Spore en trident.............................. **Tridentaria**, p. 173.

Spores *brunes*... — à deux rayons.. **Hirudinaria**, p. 173.

à trois à quatre rayons soudés................................. **Cheiromyces**, p. 173.

VI. Spore *sans* cloison.

Spore *incolore*... **Glomerularia**, p. 173.

Spore noire ou jaune-brunâtre................................ **Echinobotryum**, p. 174.

Spore ayant *plusieurs* cloisons parallèles.

Spore *incolore* ou non colorée en noir. — Spores entourées d'un mucilage et réunies en un faux capitule....................................... **Rotæa**, p. 174.

Spores sans mucilage réunies en un véritable capitule... **Paraspora**, p. 175.

Spore *noire*.. **Cryptocoryneum**, p. 175.

(1) Pouvant être confondue avec une spore.

VII. {

Chapelets de spores en *file droite.*

Spores *sphériques* ou ovoïdes.

Spores *cylindriques* ou cubiques.............

incolores ou non colorées en noir.

Spores cylindriques allongées. { Filaments sporifères simples.. **Cylindrium**, p. 175.

Filaments sporifères rameux.. **Polyscytalum**, p. 176.

Spores cubiques ou brièvement cylindriques.................. **Geotrichum**, p. 176.

noires, cubiques ou ovoïdo-cubiques....... **Hormiscium**, p. 177.

Plusieurs chapelets à l'extrémité d'une cellule en massue.. **Basidiobolus**, p. 176.

Chapelets fixés à l'extrémité de filaments cylindriques.

Sp. *incolores* ou non colorées en noir.

Champignon saprophyte ou parasite d'animaux. { Filaments courts simples....... **Oospora**, p. 177.

Filam. un peu allongés rameux. **Monilia**, p. 178.

Champignon parasite de végétaux. **Oidium**, p. 179.

Sp. *noires* { Une seule sorte de spores....... **Torula**, p. 181.

Deux sortes de spores.......... **Heterobotrys**, p. 182.

Spores présentant des *isthmes*; champignon parasite.................... **Pæpalopsis**, p. 182.

Spores en forme de *citron*... **Monilia**, p. 178.

Spores en forme de *fuseau* courbé...................................... **Fusidium**, p. 182.

Spores en *massue*.. **Gongromeriza**, p. 183.

Chapelet *courbé* à sa partie supérieure; spores noires.............................. **Gyroceras**, p. 183.

VIII. {

Spores ayant *une* cloison. { Spores *incolores;* chapelet ramifié........................ **Hormiactis**, p. 104.

Spores *noires;* chapelet simple............ .... **Bispora**, p. 184.

Sp. ayant *plusieurs* cloisons parallèles.

Sp. *droites.* { Spores *incolores*... **Septocylindrium**, p. 184.

Spores *noires.* { Spores réunies par des *isthmes*............. **Polydesmus**, p. 184.

Spores *non réunies* par des isthmes........ **Septonema**, p. 185.

Spores enroulées en *spirale*....................................... **Helicomyces**, p. 101.

Spores ayant des cloisons dans *plusieurs directions*............................ **Sirodesmium**, p. 185.

12e GROUPE. — **Spores enveloppées d'une membrane** *mucilagineuse* **ou plongées dans une masse gélifiée se dissolvant dans l'eau.**

1. Filaments portant les spores très *courts*... **Rotæa**, p. 174.

2. Filaments portant les spores *longs.*

Filaments frctifères *non renflés.*

Filament sporifère simple.. **Hyalopus** (1), p. 189.

Filaments sporifères à courts *rameaux* à la *partie supérieure.*
- Filaments fructifères incolores............ **Gliocladium**, p. 187.
- Filaments fructifères noirâtres.
  - Spores en chapelet. **Hautzschia**, p. 188.
  - Sp. non en chapelet. **Scopularia**, p. 188.

Filaments fructifères ramifiés *dès la base;* rameaux verticillés.
- Filaments d'une autre couleur que brunâtre ou noirâtre............................... **Acrostalagmus**, p. 117.
- Filaments principaux *bruns*............... **Stachylidium**, p. 119.

Filament fructifère irrégulièrement ramifié..................... **Tolypomyria**, p. 136.

Filaments fructifères renflés en certains points............................. **Gonytrichum**, p 58.

13e GROUPE. — **Spores naissant** *à l'intérieur d'un filament* **par dédoublement de sa membrane.**

Spores isolées *non en chapelet*. Filament présentant à chaque article une gaine externe qui enveloppait la spore qui est tombée quand le tube a continué son développement.............. **Psiloniella**, p. 190.

Spores en *chapelet* à l'intérieur du filament.

Filaments *courts*....
- Simples... **Malbranchea**, p. 192. / **Sporendonema**, p. 191.
- Dicholomes................................ **Glycophila**, p. 192.

Filaments fructifères *allongés*............................. **Sporochisma**, p. 192.

14e GROUPE. — **Champignon uniquement** *filamenteux.*

Se développant sur les poutres dans les caves... **Racodium**, p. 194.

Se développant en parasite sur les animaux.. **Actinomyces** (2), p. 195.

Se développant sur du bois.. **Crocysporium**, p. 196.

Se développant sur les racines des arbres .... **Mycorhiza**, p. 196.

(1) Les *Acrasis* et différents Myxomycètes agrégés peuvent être confondus avec les formes de ce groupe.
(2) Le groupe des Bactériacées à l'état végétatif peut être confondu avec les Champignons de ce groupe, p. 199.

PREMIER GROUPE (1)

Aspergillus Micheli (2) (goupillon).

Filaments rampants, rameux, cloisonnés, incolores. Filaments fertiles dressés, incolores ou légèrement colorés, renflés a leur sommet en une sphère entièrement couverte de stérigmates (cellules allongées et pointues vers l'extérieur) portant chacun un chapelet de spores.

Quelques variations sont à signaler dans la structure des différentes espèces du genre. Les stérigmates sont quelquefois très courts, et les filaments fructifères peuvent être cloisonnés ou non (*A. glaucus*), mais la structure fondamentale reste la même. Quarante espèces ont été décrites. Ces Champignons ont été l'objet de très nombreux travaux, aussi ne pouvons-nous donner ici qu'un court résumé de leur histoire.

1° *Forme parfaite.* C'est à de Bary que l'on doit la démonstration de la relation qui existe entre les *Aspergillus* et les *Eurotium* (3), Champignons du groupe des Périsporiacées.

Cet auteur a étudié avec beaucoup de soin et décrit la forme ascosporée non seulement de l'ancien *Aspergillus*

(1) Voir p. 7.
(2) Nov. pl. genera, p. 212.
(3) De Bary, *Botanische Zeitung*, 1854, n° 25-27. Ueber die Fruchtentwickelung der Ascomyceten, 1864. Eurotium, Erysiphe, Cicinnobolus, nebst Bemerkungen über die Geschlechtsorgane der Ascomyceten (*Beiträge z. Morph. u. Phys. d. Pilze*, III, Francfort, 1870).

glaucus, mais aussi de l'*Aspergillus repens,* que Corda regardait seulement comme une variété. L'étude du développement du fruit de ces *Eurotium* a été reprise par M. Van Tieghem (1); elle l'a conduit à comparer le fruit non encore mûr à un sclérote; entre ces deux appareils, il n'y a qu'une différence due à la suspension du développement et à la mise en réserve des tissus. Si on arrête ces jeunes fruits d'*Eurotium* au milieu de leur évolution en les desséchant lentement, ils passent à l'état de sclérote véritable; humectés de nouveau, au bout de quelques jours, ils se gonflent et reprennent le cours de leur développement.

2° *Autres formes reproductrices imparfaites.* — La forme parfaite n'est pas connue pour les autres espèces. L'*Aspergillus clavatus* a été cultivé par M. Wilhelm (2) et n'a jamais produit

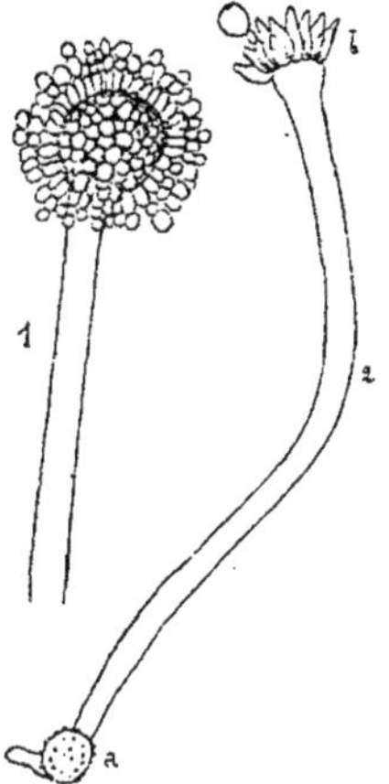

Fig. 1. — *Aspergillus glaucus.* — 1, tête développée, *a;* 2, spore germant et produisant un tube fructifère non cloisonné; *b,* début de l'appareil fructifère (d'après de Bary).

de fruits ni même de sclérotes dans les milieux les plus variés. L'*Aspergillus flavus,* qui a reçu un peu prématurément le nom d'*Eurotium Aspergillus flavus,* n'a produit jusqu'ici dans son évolution, étudiée par le même auteur, que des sclérotes petits, noirs et tubéreux. M. Wilhelm, qui ne sépare pas des *Aspergillus* les *Sterigmatocystis,* résume son travail en donnant la diagnose précise des cinq espèces suivantes qu'il a pu cultiver : *A. flavus,* Brefeld; *clavatus,* Desmazières; *niger,* Van Tieghem; *ochraceus,* Wilhelm et *albus?* Ces trois dernières espèces appartiennent au genre Stérigmatocyste. Si l'on parcourt la liste

(1) Sur le développement de quelques Ascomycètes (*Bull. de la Soc. bot. de France,* 1877, p. 96).

(2) *Beiträge zur Kenntniss der Pilzgattung Aspergillus.* Thèse de Strasbourg, 1877.

des formes d'*Aspergillus* vrais donnée par M. Saccardo qui comprend quarante espèces, on voit que l'on sait peu de chose sur ces importants Cryptogames.

D'un autre côté, M. Eidam (1), en cultivant un *Papulaspora* nouveau auquel il donne le nom de *P. aspergilliformis*, a montré qu'il pouvait produire une forme conidienne rappelant un peu les *Aspergillus*. D'après cette observation, il résulterait que certains *Papulaspora* sont peut-être ces sclérotes d'*Aspergillus* (Wilhelm en a observé qui avaient une couleur jaune-brunâtre, *A. ochraceus*). Les observations de M. Eidam ont en outre établi une relation entre la forme aspergilloïde et un appareil reproducteur comparable à des chlamydospores ; l'existence de chlamydospores chez ces Mucédinées était restée jusque-là inconnue.

3° *Développement des spores, formes anormales.* — Dans un récent travail, M. de Seynes a étudié le mode de formation des spores de l'*Aspergillus candidus* (2). Il y a vu le protoplasma s'accumuler en plusieurs points du filament, et chaque spore se revêtir d'une membrane propre, soudée intimement à celle de la cellule mère. Aussi les spores paraissent disposées en chapelet et sont séparées entre elles par des parties infertiles.

Une anomalie observée autrefois par Hallier (3) permettra peut-être de comprendre le mode de formation ainsi décrit.

Chez certains individus, tous les stérigmates s'allongent et deviennent des filaments qui remplacent les spores ; sur d'autres pieds qui se terminent par une sphère normale hérissée de chapelets de spores comme à l'ordinaire, un seul stérigmate s'allonge et se renfle à son extrémité pour donner une sphère hérissée de chapelets de spores. Ces deux ano-

---

(1) Zur Kenntniss der Entwickelung bei den Ascomyceten (*Cohn's Beiträge zur Biologie der Pflanzen*, III, p. 377).

(2) *Recherches pour servir à l'histoire naturelle des végétaux inférieurs*, Paris, 1886.

(3) Mykologische Studien (*Bot. Zeit.*, 1866, p. 389). Cet auteur avait cru trouver qu'un grand nombre de formes naissaient des Aspergillus, par exemple des *Chætostroma,* etc. Des cultures impures amènent vite à cette extension injustifiée du polymorphisme.

malies peuvent servir à expliquer le cas normal ; d'ordinaire ces filaments se différencient en stérigmate et chapelets de spores. Dans ces deux exemples, les filaments stérigmatiques avorteraient, ils ne s'étrangleraient pas de place en place pour former les spores et les parties stériles.

4° *Conditions de développement et phénomènes qui l'accompagnent.* — D'après les expériences de Siebmann, la culture de l'*Aspergillus repens* réussit de 10 à 15° ; il est détruit à 25°. L'*Aspergillus glaucus* se comporte probablement de même. C'est entre 15 et 25° que la culture des *Aspergillus ochraceus* et *albus* réussit le mieux ; à une température plus élevée, le développement se fait moins bien. L'*Aspergillus fumigatus* se cultive très bien de 37 à 40° d'après Lichtheim (1). Le pouvoir germinatif peut se conserver plusieurs années. Brefeld (2) a fait germer l'*Aspergillus flavus* au bout de six années, et Eidam a suivi le développement de spores d'*Aspergillus fumigatus* âgées de dix ans. L'évolution de ces Cryptogames est accompagnée de phénomènes chimiques remarquables ; on doit, en particulier, à M. Gayon la découverte d'une très curieuse propriété de l'*A. glaucus* qui le sépare nettement du *Sterigmatocystis nigra ;* ils agissent très différemment à la même température sur le milieu nutritif (3). Ainsi, nourris tous les deux à la même température de 25° avec le liquide Raulin, l'*A. glaucus* fait disparaître rapidement le sucre et l'acide tartrique du milieu, tandis que le *S. nigra* consomme très peu de sucre, et non seulement ne fait pas disparaître l'acide tartrique, mais développe des acides nouveaux qui arrivent bientôt à doubler l'acidité primitive de la liqueur (4). On conçoit donc par ce seul exemple que les propriétés de ces végétaux puissent avoir de nombreuses applications.

(1) *Berliner klinische Wochenschrift*, 1882, n° 9.
(2) *Schimmelpilze*, IV, p. 66.
(3) *Cohn's Beiträge*, III, p. 347.
(4) Développement comparatif de l'*A. glaucus* et de l'*A. niger* dans un milieu artificiel (*Mém. de la Soc. des sc. phys. et nat. de Bordeaux*, 2ᵉ série, 1877, t. Iᵉʳ).

5° *Applications industrielles* (1). — Les propriétés phy-
siologiques de l'*Aspergillus* sont utilisées depuis un temps
immémorial au Japon. Le koji, qui sert à la fabrication d'une
liqueur alcoolique universellement employée dans le pays,
est formé de grains de riz imprégnés d'un Champignon qui
a été rapporté par Ahlburg en 1879 au genre Aspergille,
sous le nom d'*A. Oryzæ*. Pour obtenir cette boisson, les Ja-
ponais mélangent 72 litres de riz avec 3 centimètres cubes
de koji, qui est une fine poudre d'un vert jaunâtre. Ce riz,
transporté dans une chambre souterraine à température
constante, se couvre bientôt d'un mycélium qui entoure tous
les grains, surtout à la suite d'un pétrissage. Au bout de
quelques jours, les supports sporifères apparaissent; le riz
est alors tiré de la chambre et porté à l'air. L'amidon du riz
est successivement décomposé en dextrine, glucose et alcool.
Quand on veut obtenir le koji, on étend le riz sur des plan-
ches où les spores se déposent, et on les rassemble en épous-
setant.

6° *Espèces pathogènes.* — A côté des espèces utiles, le
même genre renferme des espèces pathogènes. De très
nombreux travaux ont déjà été entrepris sur cette question.

Quelques espèces engendrent l'otomycose, maladie de
l'oreille assez grave. D'après Siebenmann (2) les *Aspergillus
flavus* et *fumigatus* et le *Sterigmatocystis nigra* sont seuls
capables de la produire.

Mais les espèces les plus redoutables sont celles qui peuvent se développer dans le courant sanguin. L'*Aspergillus
glaucus*, d'après un grand nombre de recherches, aurait

(1) Ahlburg (*Dingler's Polyt. Journ.*, 1879). Liebscher, Ueber die Be-
nützung des Gährungspilzes Eurotium Oryzæ in Japan (*Die Deutsche
Suckerindustrie*, VI, p. 928). Cohn, Ueber Schimmelpilze als Gährungs-
erreger (*Jahrb. d. schl. Gesellsch. f. vaterl. Cult. zu Breslau*, LXVI, 1884,
p. 226). Bügsen, Aspergillus Oryzæ (*Berichte d. deutschen bot. Gesellsch.*,
1885, t. III, p. LXVIII).
(2) Die Fædenpilze Aspergillus flavus, niger und fumigatus, Eurotium repens und Aspergillus glaucus, und ihre Beziehung zur Otomy-
cosis aspergillina (*Medicinisch Bot. Studium auf Grund experimen-
teller Untersuchungen*, 1883, Wiesbaden).

présenté cette propriété. Grawitz avait annoncé (1) que cette espèce peut devenir maligne quand elle est cultivée de 38° à 40°.

Bien qu'un certain nombre des résultats de l'auteur aient été combattus par différents expérimentateurs, Koch (2), Gaffky, Loffler, les propriétés pathogènes de l'*Aspergillus glaucus* ne paraissaient pas mises en doute.

En 1882, Baumgarten et Müller (3) confirmaient la malignité de cette espèce. Ce résultat très important reposait sur une détermination inexacte de l'*Aspergillus glaucus*, et, d'après les recherches récentes de Lichtheim de Berne, il faut restreindre l'action néfaste des Aspergilles à une seule espèce, l'*A. fumigatus*. En effet, les spores d'*A. glaucus* ne se développent pas à 37°, c'est-à-dire à la température du corps.

L'*A. fumigatus*, signalé déjà par Frésénius dans les sacs aériens de l'oie et dans le poumon de l'homme par Virchow, peut se cultiver aussi bien à la température ordinaire qu'à celle du corps humain. On se procure facilement cette espèce en maintenant à 30 ou 40° du pain légèrement humide. On l'a absolument pur en l'injectant dans un lapin.

L'*Aspergillus flavescens* se développe bien à 28° et est probablement aussi pathogène.

Sterigmatocystis Cramer (4) (vésicule à stérigmates).

Filaments stériles rampants, cloisonnés; filaments fertiles dressés, non cloisonnés, renflés en sphère à leur extrémité hérissée de stérigmates supportant un nombre variable de

---

(1) Ueber Schimmelvegetationen im thierischen Organismus (*Archiv für path. Anat. und Phys. Virchow*, t. LXXXI, p. 355).

(2) Entgegnung auf den Vortrag v. Dr Grawitz über die Anpassung-theorie der Schimmelpilze (*Berliner Wochenschrift*, 1881).

(3) Versuche über accomodative Züchtung von Schimmelpilzen (*Berliner klin. Wochensch. Virchow's Jahresb.*, XVII, p. 306).

Voir aussi Kaufmann, *Recherches sur l'infection produite par l'A. glaucus*, Lyon, 1882.

(4) *Vierteljahrschrift der naturf. Gesell.*, Zurich, 1859.

stérigmates secondaires qui servent chacun de point d'attache à un chapelet de spores.

Ce genre a été établi par Cramer pour un Champignon aspergilloïde à spores blanches trouvé dans le conduit auditif de l'oreille d'un sourd. Depuis 1859, il s'est enrichi d'un grand nombre d'espèces décrites principalement par M. Van Tieghem (1) et par M. Bainier (2).

Forme parfaite. — La fructification ascosporée a été décrite pour deux espèces par M. Van Tieghem chez le *St. nigra* cultivé en vase clos sur de la noix de galle concassée, et chez le *St. purpurea* développé sur du pain. Il se forme un sclérote au sens étroit attaché habituellement à ce mot (3). Extraits de la noix de galle ou du pain à l'intérieur duquel ils se sont formés, desséchés et placés plus tard dans une atmosphère humide, ces petits sclérotes reprennent vie, entrent dans la deuxième période de leur développement et mûrissent leurs spores. Ces dernières, mises en liberté par la résorption de la membrane de l'asque, sont discoïdes comme les ascospores des *Aspergillus*. La présence de ce sclérote éloigne donc les *Sterigmatocystis* des *Aspergillus* et les rapproche du *Penicillium crustaceum*. Mais, ainsi qu'on l'a observé plus haut à propos du périthèce des *Aspergillus*, cette différence est plutôt physiologique que morphologique puisque les fruits de ces derniers desséchés peuvent donner une sorte de sclérote éphémère.

M. Wilhelm (4), qui a étudié deux espèces de ce genre, *S. ochracea* et *S. alba*, signale uniquement chez la première l'existence d'un sclérote subglobuleux jaune-noirâtre.

Propriétés diverses et applications. — Il ne peut être question dans ce travail de signaler toutes les propriétés des espèces de ce genre qui ont été l'objet de très nombreux

(1) *Bull. de la Soc. bot.*, 1877, p. 103.
(2) *Bull. de la Soc. bot.*, 1880, p. 27.
(3) Ce sclérote a été également observé par M. Brefeld (*Bot. Zeit.*, 1876, p. 265) chez l'*A. niger*.
(4) *Loc. cit.*

et importants travaux de MM. Van Tieghem (1), Raulin (2), et Gayon (3). C'est ainsi qu'il a été établi par le premier de ces expérimentateurs que le développement du *S. nigra* amène la décomposition du tannin en glucose et acide gallique, aussi est-il employé à cet usage dans l'industrie. Le tannin se transforme quand la Mucédinée se développe dans la dissolution ; si la plante vit et fructifie à la surface elle brûle directement le tannin sans le dédoubler. C'est également en étudiant la même espèce que M. Raulin a fait ses très belles recherches sur le développement d'un champignon dans un milieu minéral défini. La constitution du milieu liquide a été faite par tâtonnements ; l'auteur à cherché à obtenir dans le temps le plus court le plus grand développement en poids de la plante. On supprime tous les corps qui ne font pas baisser le poids de la récolte. Le liquide ainsi obtenu a conservé le nom de celui qui en a donné la formule, il a la constitution suivante :

Eau	1500 gr.	Carbonate de magnésie.	0,40
Sucre candi	70	Sulfate d'ammoniaque..	0,25
Acide tartrique	4	— de fer	0,07
Azotate d'ammonia-		— de zinc.	0,07
que	4	Silicate de potasse	0,07
Phosphate d'ammo-		Carbonate de manganèse	0,07
niaque	0,60	Oxygène de l'air	
Carbonate de potasse	0,60		

Quant aux résultats indiqués par M. Gayon, ils ont été signalés plus haut (4).

Espèce nouvelle. Sterigmatocystis coronella. — Champignon blanc. Pied gros surmonté d'une tête peu renflée. Cette tête ne porte des stérigmates que sur sa partie supérieure. Les stérigmates présentent deux ou trois stérigmates secondaires. Les spores sont ovales oblongues (5 μ de

(1) Recherches pour servir à l'histoire physiologique des Mucédinées (*Annales des sc. nat.*, 1867, t. VIII).
(2) Études chimiques sur la végétation (*Ann. sc. nat.*, 1869, t. XI).
(3) *Loc. cit.*
(4) *Loc. cit.*

long sur 3 de large). Espèce se développant sur du bois mort. Mycélium formé de filaments cloisonnés de 5 μ. de large.

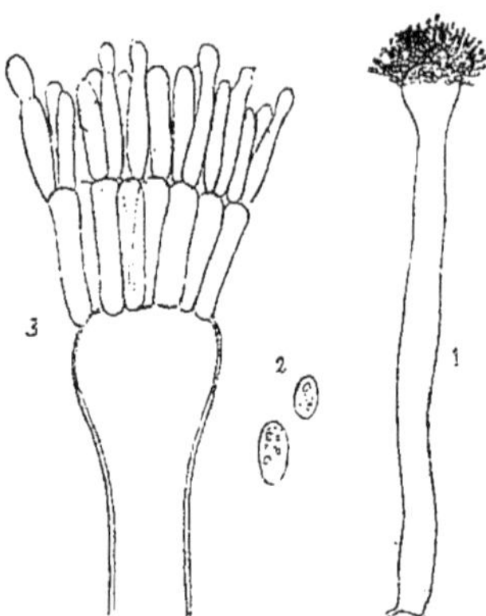

Fig. 2. — *Sterigmatocystis coronella.*
— 1, pied sporifère non cloisonné;
2. spore; 3, tête fructifère.

Cette espèce est très voisine du *S. coronata* Van Tieghem, elle en diffère par les dimensions des spores, qui sont *rondes* et très petites dans cette espèce (1 μ, 5 à 2 μ); de plus elles sont en nombre immense (100 000) dans la grosse tête qui atteint un millimètre dans cette dernière forme, tandis que dans l'espèce qui vient d'être décrite leur nombre est bien moins élevé.

Voici quelques dimensions observées sur le *S. coronella :* Largeur du filament en haut 16 μ, 8, en bas 19 μ. , 6 ; largeur de la tête 37 μ, 8. Autre individu, largeur de la tête 49 μ, 2 hauteur 60 μ, 2. Grandeur relative du pied et de la tête : pied et tête, 65; spores et tête, 7 ; tête dénudée 4. Variations des spores 4 μ, 9 de long sur 3 μ, 8 de large ; 5 μ, 6 sur 3,8 ; 5 μ, 6 sur 2 μ, 7.

Dimargaris Van Tieghem (1) (deux perles — aux cloisons).

Mycélium grêle de 4 à 6 μ de large. Plante de 3 à 5 millimètres de haut. Filament fructifère présentant sur ses cloisons transversales, au centre et de chaque côté, un petit bouton de cellulose brillant (le nom de genre rappelle ce caractère). Sommet du filament renflé en massue et produisant un grand nombre de petits rameaux sur toute sa surface. Ces rameaux sont composés de trois cellules ; l'inférieure est allongée ; les deux autres, plus petites, sont ovales

(1) *Annales des sciences naturelles, Botanique,* 6e série, 1875, p. 154. fig. 162-163.

ou sphériques. La cellule supérieure porte trois chapelets de spores ; l'avant-dernière produit, immédiatement au-dessous de la cloison qui la sépare de la précédente, un verticille de chapelets de spores semblables ; la première cellule basidifère se comporte de même. Les chapelets de spores et les deux cellules basidifères supérieures peuvent tomber ; les longues cellules basilaires demeurent seules adhé-rentes.

Champignon parasite sur les Mucorinées.

On ne connaît qu'une seule espèce de ce genre, le *D. cristalligena*, dont le nom d'espèce rappelle les cristalloïdes tabulaires qu'on y observe.

Modifications. — Cette plante, qui n'a été rencontrée jusqu'ici que par M. Van Tieghem, peut présenter les anomalies suivantes : 1° les ramuscules spori-fères peuvent être réduits à deux cellules au lieu de trois ; 2° le rameau fructifère émet quelquefois une branche qui se termine par une tête analogue à celle qui a été décrite plus haut.

Mode de vie. — La plante vit aux dépens des Mucorinées hospitalières, dans lesquelles elle émet un court tube qui se renfle à l'extérieur de l'hôte. On retrouve donc ici les caractères qui, indépendamment de l'organisation propre, sont liés à la vie parasitaire et déterminés par elle.

Affinités. — M. Van Tieghem regarde cette plante comme étant

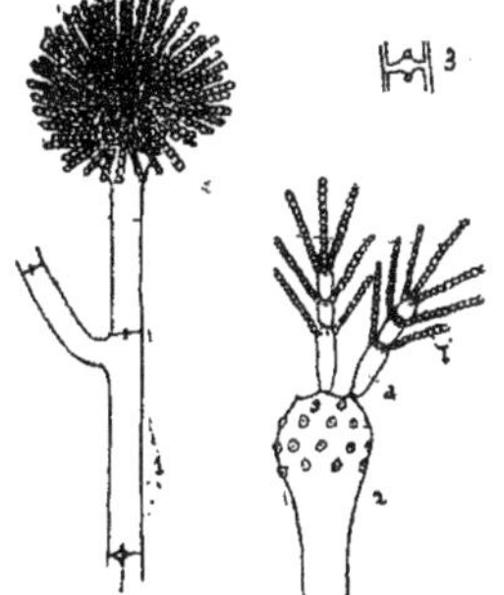

Fig. 3. — *Dimargaris cristalligena.* — 1, pied accidentellement ramifié terminé par une tête sporifère ; 2, tête grossie ; *a*, baside tricellulaire ; *b*, chapelets de spores ; 3, cloison grossie montrant les deux renflements de la paroi (d'après Van Tieghem).

vraisemblablement une forme conidienne d'un Ascomy-cète. De Bary (1) la range parmi les Mucorinées douteuses.

(1) *Morphol. und Physiol. der Pilze*, p. 168.

Dispira Van Tieghem (1) (spire double).

Filament fructifère blanc, dressé, haut de 1 à 2 millimètres, isolé, divisé à sa partie supérieure en deux bras horizontaux, de sorte que l'ensemble forme un T. Le filament principal est cloisonné, et les cloisons présentent au centre un épaississement en bouton plus ou moins marqué. Les bras horizontaux se dichotomisent un certain nombre de fois dans les plans alternativement rectangulaires, chaque entre-fourche n'ayant que la longueur d'une cellule, et toutes les branches s'enroulant à la fois en spirale. A partir de la troisième ou quatrième fourche, les branches se développent inégalement, puis l'une des branches avorte et se recourbe en pointe. On a alors des sympodes hérissés de cornes pointues, dont le dernier article se termine par un renflement sphérique. Ce renflement bourgeonne sur toute sa surface et forme un grand nombre de stérigmates ovales, serrés côte à côte, quelquefois étranglés vers le milieu et divisés en deux cellules. Ces stérigmates portent des chapelets de spores.

Mode de vie. — Ce champignon, dont on ne connaît qu'une seule espèce, *D. cornuta* observé par M. Van Tieghem seulement, a été rencontré sur les excréments de rat. Il offre un exemple de parasitisme nécessaire des Mucorinées.

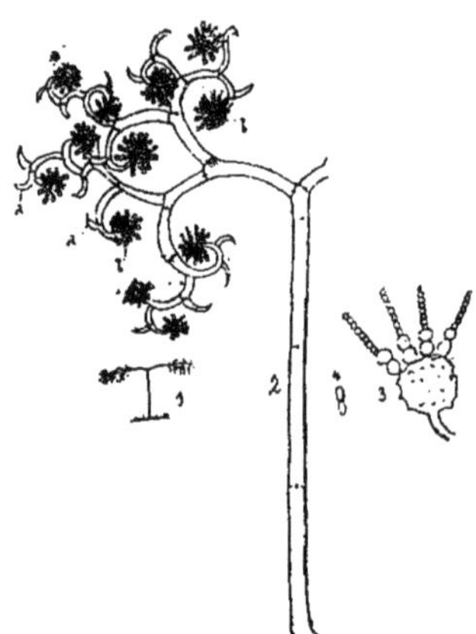

Fig. 4. — *Dispira cornuta.* — 1, port général de la plante ; 2, pied grossi ; *a*, cornes stériles ; *b*, sphères fertiles ; 3, sphère fertile avec baside bicellaire et chapelet de spores ; 4, spores (d'après van Tieghem).

(1) *Annales des sciences naturelles, Botanique,* 6e série, 1875, p. 160 pl. IV, fig. 173-177.

Affinités. — D'après M. Van Tieghem, ce parasite serait peut-être une forme conidienne d'Ascomycète. De Bary le regarde comme une Mucorinée douteuse.

Rhopalomyces Corda(1)
(Champignon à massue).

Mycélium extrêmement fin, 1 µ, non cloisonné, sur lequel se dressent des sphères très petites hérissées de pointes ténues. Ce mycélium forme une sorte de réseau à la surface des supports, et c'est aux angles des mailles formées par ces nombreux filaments que se dressent les tiges fructifères très larges relativement au mycélium, *sans cloison*, renflées en sphère à leur extrémité qui est hérissée de pointes qui portent chacune une très grosse spore très allongée noire, solitaire.

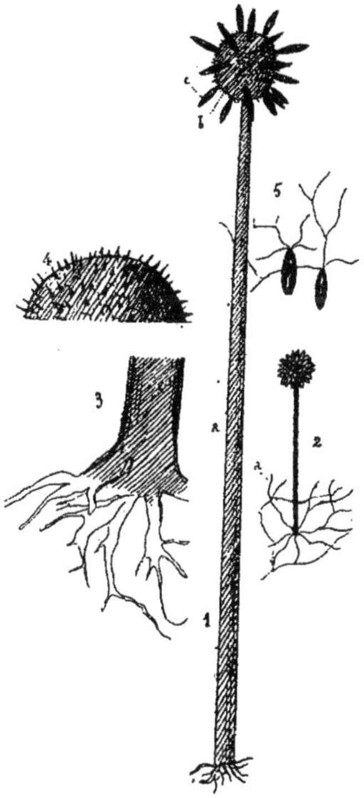

Observation. — Nous croyons devoir délimiter ce genre autrement qu'on ne l'a fait jusqu'ici parce que l'on y a rangé, à tort selon nous, les deux espèces de Berkeley et Broome, *R. candidus* et *pallidus*, qui doivent prendre place parmi les *Œdocephalum* (2), car ils ont le pied cloisonné. Il ne resterait donc plus dans ce genre que les trois espèces

Fig. 5. — *Rhopalomyces nigripes.* — Aspect général de la plante ; *a*, pied noir ; *b*, tête noire ; *c*, spores ; 2, pied développé dans une culture ; *a*, mycélium en réseau ; 3, pied noir d'où partent les filaments fins incolores ; 4, tête sporifère grossie ; 5, germination de la spore .

(1) *Pracht-Flora*, p. 3.
(2) Costantin. Sur un Rhopalomyces (*Bulletin de la Soc. bot. de France*, 1886, p. 492).

R. elegans Corda, *nigripes* Cost., *Cucurbitarum* Berk. et Br.

Affinités. — Selon M. Van Tieghem (1), ces champignons présenteraient des affinités avec les Mucorinées ; le *Rhopalomyces elegans* observé par cet auteur présenterait des stylospores analogues à celles des Syncéphalidées (2). Ce serait donc à côté de ce groupe, dont il possède le mycélium et le mode de développement en toile aranéiforme, qu'il faudrait placer ce genre.

Nous devons cependant faire remarquer que les grosses spores noires du *R. nigripes* que nous avons vu germer ne peuvent pas être considérées comme des sporanges à moins d'admettre, comme pour les *Chaetocladium*, que le sporange est monospore et que la membrane de la spore est soudée à l'enveloppe noire du sporange. Il y aurait donc peut-être lieu de créer, à côté des Mucorinées, la famille des Rhopalomycées caractérisée par des spores externes.

Œdocephalum Preuss (3) (tête renflée).

Mycélium rampant, cloisonné à filaments larges. Filaments fertiles le plus souvent groupés, *cloisonnés*, renflés au sommet en une sphère couverte de courtes verrues sur lesquelles s'insèrent des spores petites, globuleuses, ovoïdes, non en chapelet, incolores ou faiblement colorées.

Remarque. — Nous donnons une définition de ce genre autre que celle qui a été adoptée jusqu'ici. Les observations que nous avons faites sur le *Rhopalomyces nigripes* et sur l'*Œdocephalum fimetarium* nous ont amené à cette conviction que la présence ou l'absence de réticulation à la surface de la tête sporifère est un caractère sans valeur.

Affinités. — D'après un récent et intéressant travail de

(1) *Bull. soc. bot. de France*, 1886, p. 493-494.

(2) Nous avons observé récemment sur le mycélium du *R. nigripes* des petites boules sphériques qui peuvent être regardées comme des stylospores ; ces stylospores sont peut-être des ébauches extrêmement jeunes de têtes sporifères.

(3) Uebersicht untersuchter Pilze, besonders aus der Umgegend von Hoyerswerda (*Linnaea*, 1849-1853).

M. Vuillemin (1), il y aurait une relation entre une Pezize voisine de la Pezize vésiculeuse qu'il nomme *Aleuria astigma* et une Mucédinée dont il ne donne pas le nom mais qui est probablement l'*Œdocephalum fimetarium* (2). En faisant germer les spores de la Pézize, l'auteur a obtenu presque directement la forme Œdocéphale. En feuilletant le *Selecta fungorum Carpologia* de Tulasne (3) nous avons observé des germinations de *Peziza vesiculosa* parmi lesquelles quelquesunes paraissent semblables à celles obtenues par M. Vuillemin. Cependant toutes les figures données par Tulasne ne présentent pas le même accord et sont peut-être susceptibles d'une autre interprétation. Il serait intéressant de reprendre la culture des spores de tous ces Champignons afin de voir s'il n'y aurait pas à tirer

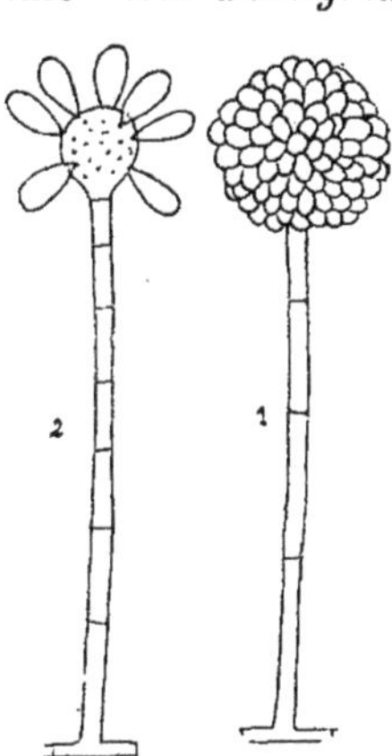

Fig. 6. — *Œdocephalum glomerulosum.* — 1, pied cloisonné surmonté par une tête sporifère ; 2, pied terminé par une tête de laquelle les spores sont en partie tombées (d'après Harz).

des caractères utiles de la connaissance précise des formes conidiennes pour classer le groupe des Pézizes.

Œdemium Link (4) (œdème).

Filaments fertiles rigides, sombres ou noirâtres, cloisonnés, simples ou quelquefois légèrement ramifiés, portant à leur extrémité ou sur les côtés une tête sporifère. Spores globuleuses naissant sur cette tête, le plus souvent incolores, quelquefois un peu olivacées.

(1) Vuillemin. Sur le Polymorphisme des Pezizes (*Assoc. franc. p. l'avanc. des sciences,* Nancy, 1886).

(2) Cette Mucédinée est extrêmement abondante sur les crottins de divers animaux ; nous l'avons rencontrée sur les crottins d'Éléphant, de Chameau, d'Antilope, de Cheval, etc.

(3) T. III, pl. XVI, fig. 19 et 20.

4 *Species Hyphomycetum et Gymnomycetum,* I, p. 42.

Sept espèces ont été décrites : *Œ. atrum*, *tomentosum*, etc.
Les figures qui ont été données de deux espèces de ce
genre sont très insuffisantes. Elles ne permettent pas de se
rendre un compte exact de l'organisation
de ces végétaux. Corda dit que ces glo-
bules sporifères s'observent entre les filaments; ils paraissent formés d'une sorte
de substance mucilagineuse à contour
ridé. Ce genre devra donc être mieux
défini ou peut-être supprimé.

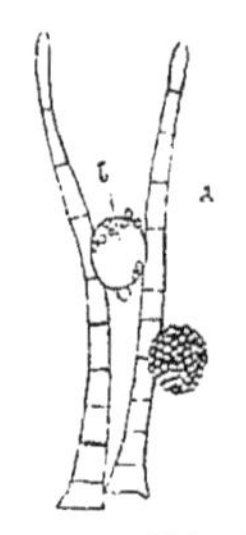

Fig. 7. — *Œdemium
tomentosum. — a.* fi-
lament fructifère ; *b*,
tête sporifère (d'a-
près Corda).

Nematogonium Desmazières (1) (filament à nodosités).

Première phase. Filament fructifère
dressé, d'abord simple sans cloison, renflé
au sommet pour former un capitule de masses arrondies
qui débutent par un petit mamelon à la partie supérieure
du pied ; ce mamelon devient bientôt une petite sphère
portée sur une aspérité. Cette petite sphère grossit et devient
relativement énorme ; à ce moment elle bourgeonne à son
tour et porte des petites sphères de deuxième ordre dont
le nombre peut aller à huit ou dix ; ces boules secondaires
naissent toutes à la fois et non l'une après l'autre. Cette
prolification continue, les secondes sphères bourgeonnent
et ainsi de suite. Ces sphères successives peuvent se déta
cher et être considérées comme des spores.

Deuxième phase. Bientôt il se produit des cloisons dans
le support, le capitule se dégarnit de ses spores, et du sommet part un nouveau filament qui se termine à son tour par
un capitule recouvert de la même succession de sphères
bourgeonnantes. Plus tard, il se forme plus haut un troisième capitule.

Observations. — 1° La description précédente ne concorde
pas avec celle de Desmazières qui n'avait observé la plante

______

(1) *Annales des sc. nat., Bot.*, 1834, t. II.

qu'à sa dernière période de végétation, alors que les spores
sont tombées. C'est à M. Bainier (1), qui l'a cultivée sur des
copeaux de sabots, que
l'on doit la connais-
sance exacte de cette
forme.

2° Le *Nematogo-
nium fumosum* de Bo-
norden (2) est vraisem-
blablement un *Sporo-
dinia*, car à la maturité
le filament fructifère
dichotome se cloisonne
irrégulièrement comme
cela a lieu dans ce
genre (3).

3° Trois espèces ont
été rapportées encore à
ce genre en ne tenant
compte que de l'an-
cienne définition très
insuffisante de Desma-
zières; il y aura à re-

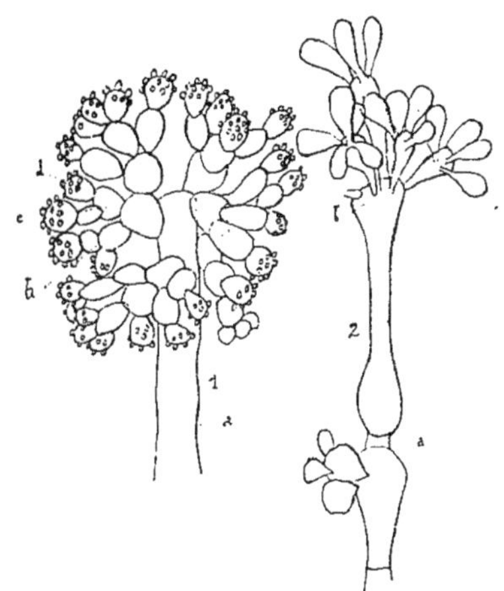

Fig. 8. — *Nematogonium aurantiacum.* — 1, *a*, filament primitif qui bourgeonne et produit une
série de sphères *b* qui bourgeonnent elles-mêmes
c et qui donnent les spores *d*; 2, filament âgé
ayant produit plusieurs articles fructifères:
a, premier article cloisonné où les spores sont
tombées ; *b*, deuxième article sur lequel les spores ne sont pas encore tombées (d'après Bainier).

chercher si la définition nouvelle s'applique aux *N. aureum,
N. delectatum* et *N. byssinum.*

Stilbodendron? Bonorden (4) (arbre luisant).

Filament fructifère régulièrement dichotome renflé légèrement à chaque dichotomie, non cloisonné. Tous les derniers rameaux se terminent par une ampoule produisant des
spores rondes sur toute la surface.

Observation. — Ce genre a été créé par Bonorden à la suite

(1) Bainier. Sterigmatocystis et Nematogonium (*Bull. de la Soc. bot.
de France*, 1880, p. 27).
(2) *Bonorden, Handbuch d. allg. Mykol.*, fig. 186.
(3) Schrœter, *Kryptogamen-Flora von Schlesien*, p. 209.
(4) *Handbuch der allgemeinen Mykologie*, 1851.

de l'examen d'une figure de Corda (1) représentant le *Stilbum nodosum*. Cette plante n'a aucun des caractères de ce dernier genre, elle se rapprocherait plutôt des *Sporodinia*. Ce qui paraît justifier ce rapprochement c'est que la membrane du sporange des *Sporodinia* est très mince et se dissout très rapidement et que la columelle est sphérique (2).

Nous croyons devoir cependant maintenir ce genre avec un point de doute, car son existence serait très intéressante à vérifier. Si un champignon analogue existait, il devrait être considéré comme un *Rhopalomyces* ramifié.

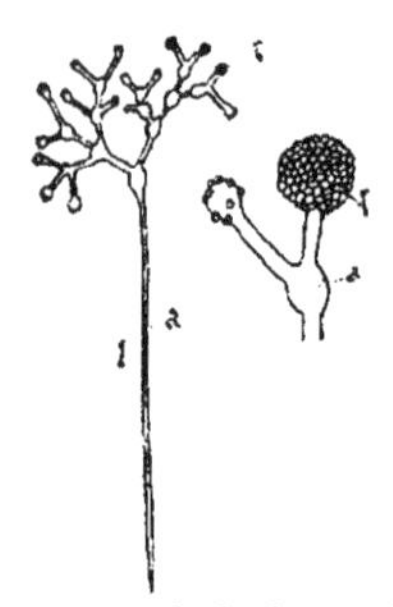

Fig. 9. — *Stilbodendron nodosum.* — 1, port général de la plante ; *a*, pied ; *b*, appareil fructifère ; 2, extrémité grossie ; *a*, nodosité ; *b*, tête sporifère (d'après Corda et Bonorden).

Harzia genre nouveau (dédié à Harz).

Mycelium rampant, incolore, ramifié. Sur ce mycélium se dressent des appareils reproducteurs de deux sortes. — *Première forme*. Sur de courtes branches, dont l'extrémité est renflée en une tête sphérique, se dressent 10 à 20 stérigmates larges à la base, pointus au sommet, qui portent une sphère sur laquelle bourgeonnent de petites spores sessiles

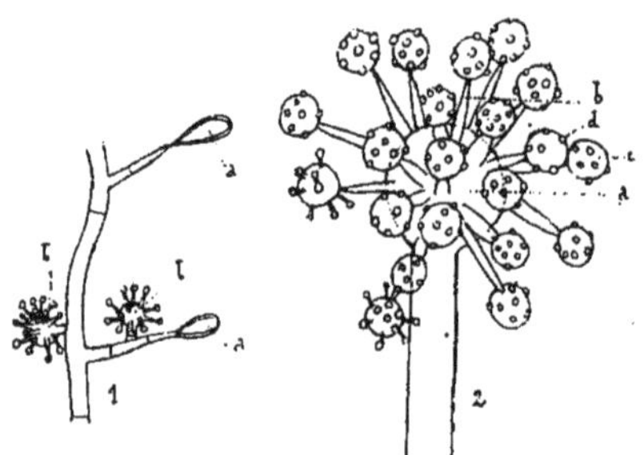

Fig. 10. — *Harzia acremonioidea Cost.* — 1, filaments où sont réunis les deux modes sporifères ; *a*, chlamydospores ; *b*, têtes sporifères ; 2, tête sporifère grossie ; *a*, tête générale ; *b*, stérigmates terminés par des têtes secondaires ; *c, d*, spores (d'après Harz).

ou pédicellées et arrondies. Cette forme rappelle les *Acmo-*

(1) *Icones fungorum*, t. I, pl. V, fig. 272.
(2) Schrœter, *loc. cit.*, p. 209.

sporium de Corda. — *Deuxième forme.* Sur le même mycélium se dressent des branches fertiles plus longues, souvent ramifiées, terminées en pointe à leur extrémité qui supporte une spore ovoïde, à paroi assez épaisse et d'un brun clair. Cette deuxième forme rappelle les *Monosporium*.

Observation. — Harz(1) avait donné à cette forme le nom de *Monosporium acremonioides*. Nous avons cru devoir créer un genre nouveau caractérisé par l'association de ces deux formes. La plante actuelle se développe du printemps à l'automne sur les branches et les feuilles des plantes ligneuses.

Acmosporium Corda (2)
(spore fugitive).

Pied dressé cloisonné, terminé à sa partie supérieure par des rameaux assez irrégulièrement divisés qui se terminent à leur extrémité par des sphérules fructifères. Ces sphères sont couvertes de petites spores simples accidentellement par deux en chapelet.

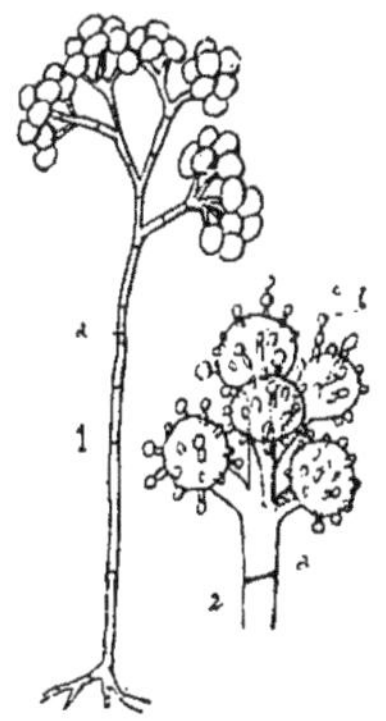

Fig. 11. — *Acmosporium botryoideum.* — 1, port général de la plante; *a*, pied ramifié; *b*, têtes sporifères; 2, appareil sporifère grossi; *a*, pédicelle; *b*, tête hérissée de stérigmates terminés par une spore (d'après Corda).

Espèce principale : *Ac. botryoideum.*

Ce genre se rattache aux *Nodulisporium* dont il diffère par la présence d'ampoules sporifères bien nettement différenciées.

Botryosporium Corda (3) (spores en grappes).

Filaments fructifères dressés, très allongés, ramifiés, rapprochés de façon à former une masse blanchâtre à la surface

(1) Einige neue Hyphomyceten (*Bull. de la Soc. des nat. de Moscou*, p. 104, 2e série, t. XLIV, 1871).
(2) *Icones fungorum*, III, p. 11.
(3) Sturm, *Deutschlands Flora*, pl. V.

des supports. Latéralement s'insèrent de courts rameaux cylindriques à l'extrémité desquels se trouvent fixées en nombre variable des têtes hérissées de spores sur toute leur surface.

Une confusion s'est introduite dans la description des végétaux désignés sous le nom précédent. Pour expliquer leur structure, nous allons décrire une espèce.

Botryosporium pyramidale Cost. — Ce champignon forme de très belles touffes d'un très beau blanc sur différents supports. Le pied se dichotomise régulièrement un certain nombre de fois de sorte que les branches retombent avec beaucoup d'élégance. Quand on examine l'un de ces longs rameaux, on voit se dresser sur toute sa surface un très grand nombre de courts rameaux sporifères formés d'une seule cellule cloisonnée à sa base ; il en existe toujours plusieurs qui se forment sur les cellules des grands rameaux qui sont très longues surtout vers l'extrémité. Quand on observe les ramuscules fructifères depuis l'extrémité des branches jusqu'à leur base, on arrive à se convaincre facilement que les premiers sont les plus jeunes. Ils sont formés d'abord d'une courte proéminence en communication avec la cellule initiale et souvent couchée contre la branche ; le nombre des rameaux de l'extrémité qui en sont

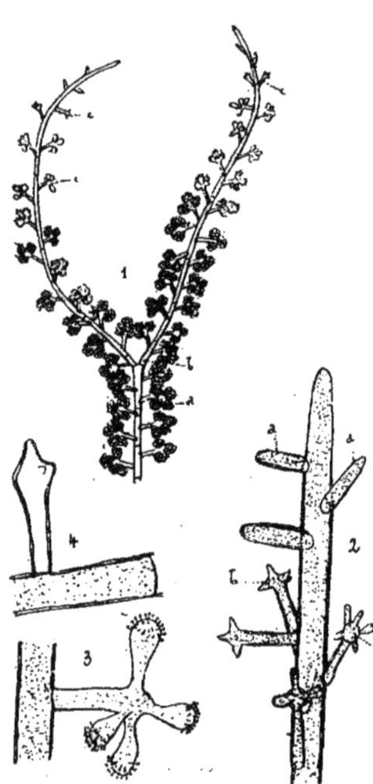

Fig. 12. — *Botryosporium pyramidale.* — 1, port général de la plante ; *a*, têtes mûres ; *b*, dichotomie ; *c*, jeunes ramuscules fructifères ; 2, extrémité d'un rameau ; *a*, jeune ramuscule fructifère simple ; *b*, ramuscule commençant à se différencier à l'extrémité ; *c*, têtes sporifères discernables ; 3, ramuscule présentant des têtes couvertes d'ébauches de spores ; 4, ramuscule âgé, dénudé.

encore à ce stade peut être de trois, mais il y en a quelquefois un plus grand nombre. Le sommet de ces ramuscules bourgeonne bientôt et trois à six pointes apparaissent presque simultanément ; ces pointes s'allongent, se renflent au sommet en une sphère qui se couvre bientôt sur toute sa surface de proéminences qui sont les ébauches des spores. Ces spores sont allongées, ovalaires, un peu arrondies du côté libre et légèrement pointues du côté fixé. Leurs dimensions présentent les variations suivantes : 7μ de long sur $3\mu,3$ de large ou 5μ sur 3μ. A l'état adulte les ramuscules fructifères apparaissent donc comme portant quatre à six capitules de spores. C'est à cet état qu'ils sont représentés par Corda dans la figure donnée par lui du *B. pulchrum*. Mais bientôt les têtes et spores tombent, et il ne reste plus sur les branches qu'un court rameau qui porte à son extrémité quatre à six courtes proéminences ; un examen superficiel pourrait le faire confondre avec son état jeune. Ces phénomènes ont échappé à Corda, aussi figure-t-il les spores insérées directement sur ces proéminences. On ne s'expliquerait pas comment, dans ce cas, les spores, dont la membrane ne se gélifie pas, pourraient s'agglomérer en un capitule sphérique. L'insuffisance de la description de Corda a conduit, croyons-nous, Bonorden à faire une confusion et à créer un genre nouveau, le genre *Phymatotrichum*, ou du moins à y ranger le *P. pyramidale* Bonorden.

Cette espèce est un *Botryosporium* qui est vraisemblablement différent du *B. pulchrum* Corda ; en effet, dans cette dernière espèce, le développement des ramuscules fructifères paraît simultané, c'est ce qui explique son erreur.

Quant aux autres espèces du genre, de nouvelles recherches seraient nécessaires pour déterminer si elles rentrent dans la définition qui vient d'être donnée. Les figures du *B. diffusum* (1) et du *B. hamatum* (2) ne représentent qu'un seul capitule sur les courts rameaux latéraux, mais il est impossible de savoir si les spores y naissent sur une sphère.

(1) Sturm, *Deutsch.l Flora*, III, fasc. 11, p. 9, pl. V.
(2) *Handb. d. allg. Mykol.*, p. 111, fig. 157.

La similitude de port fait présumer que ces espèces sont . organisées de la même manière, peut-être avec une seule tête.

Dans les *Phymatotrichum* vrais, les parties fructifères sont terminales comme dans les *Acmosporium* mais non renflées en sphères, ce qui les différencie de ce dernier genre.

Cystophora Rabenhorst (1) (porte vésicule).

Filaments fertiles droits, ramifiés, noirâtres, continus, renflés au sommet en vésicule à hile circulaire, présentant des spores unicellulaires, globuleuses, colorées et insérées sur les filaments.

Deux espèces se rattachent à ce genre mal défini : *C. crate-rioides* et *fruticulosa*.

(1) *Deutschlands Krypt.-Flora*, p. 75.

DEUXIÈME GROUPE (1).

Coronella Crouan (2) (petite couronne).

Filaments fertiles dressés, cloisonnés, d'un millimètre, simples blancs, droits, terminés au sommet par de courts rameaux courbés, puis redressés, bifides au sommet, à pointes recourbées en dehors. Ces rameaux entourent dix à douze organes oblongs ou en massue, droits, formant une couronne que Crouan nomme sporanges et qui sont peut-être des supports sporifères, car ils sont ponctués comme si les spores étaient attachées en ces points.

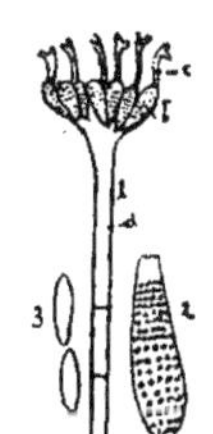

Fig. 13. — *Coronella nivea.* — 1, pied *a* terminé à sa partie supérieure par une couronne d'appendices *c* enfermant les appareils sporifères *b*; 2, appareil sporifère grossi; 3, spore (d'après Crouan).

Observation. — On n'a observé jusqu'ici qu'une seule espèce, le *C. nivea.* Elle se développait sur des crottes de rat d'eau sur un talus boisé bordant un marais.

Affinités. — Les affinités de ce genre sont incertaines parce que la description qui en a été donnée par les frères Crouan est insuffisante. Peut-être, ainsi que l'indique Saccardo, ces prétendus sporanges sont-ils des basides sporifères supportant les spores à leur partie supérieure comme dans le genre *Kickxella.*

(1) Voir p. 8.
(2) *Florule du Finistère*, p. 12, planche supplémentaire, fig. 21.

Martensella Coëmans (1) (Martens, botaniste belge).

Mycélium filamenteux couché, parasite de Champignons inférieurs. Filaments fructifères dressés, simples ou rameux, cloisonnés, portant latéralement de courts rameaux fructifères en forme de nacelle, cloisonnés, couverts de spores simples ou en chapelet.

Une espèce connue : *M. pecti-nata*.

Ce Champignon est parasite des Mucorinées, mais il doit être plutôt considéré comme parasite commensal que comme parasite destructeur. Il vit isolé, s'éloignant en cela des mœurs de la plupart des Mucédinées. Il s'attache soit par un enduit gluant, soit à l'aide de crampons. Les tigelles sont un pen flexueuses, les cellules ont 7 à 9 µ de diamètre ; la couleur des filaments varie du gris au jaune et au verdâtre. Les spores naissent comme de petites dents sur les bords du sporophore ; elles sont grandes, fusiformes et mesurent 8 à 9 µ de longueur. Outre celles-ci, le *Martensella* présente encore quelquefois une deuxième espèce de spores, plus

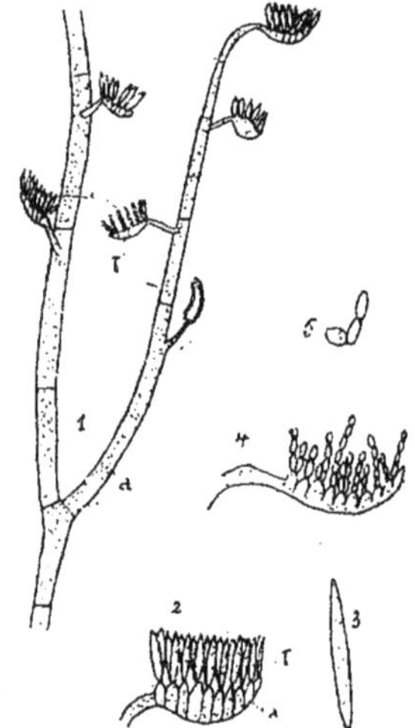

Fig. 14. — *Martensella pectinata.* — 1, port de la plante ; *a*, pied ramifié ; *b*, appareils sporifères en forme de nacelle ; *c*, spores ; 2, appareil sporifère grossi ; *a*, nacelle ; *b*, première forme des spores ; 3, grandes spores grossies ; 4, nacelle portant la deuxième forme de spore ; 5, petites spores grossies (d'après Coëmans).

petites, ovoïdes, de 2 à 3 µ de long. Elles naissent sur des sporophores normaux et paraissent provenir de la segmentation des grandes spores fusiformes ordinaires. Il y aurait à rechercher si les premières spores sont capables

(1) *Bull. de l'Acad. sc. de Belg.*, 1863, p. 536.

de germer et si les petites naissent à l'intérieur des premières spores comme dans un sporange ou si elles sont simplement dues à une fragmentation de ces grandes cellules. Peut-être tout se passe-t-il comme dans les *Syncephalis*.

M. Van Tieghem (1) pense que cette espèce doit présenter le même parasitisme nécessaire que les *Piptocephalis*, le *Kickxella* et le *Coëmansia*.

Coëmansia Van Tieghem et Le Monnier (2) (Coëmans).

Pied fructifère cloisonné, du sommet duquel partent quatre branches fructifères qui se dichotomisent et portent latéralement des appareils sporifères en forme de nacelle renversée.

Ces appareils sont cloisonnés, ils se développent de bas en haut sur un même filament, ceux du bas sont les plus vieux et les plus avancés dans leur évolution. Les spores pendent à la face inférieure de ces appendices ; elles sont fusiformes et s'insèrent sur de petits tubercules saillants. Ces spores en germant émettent de chaque côté un filament mycélien.

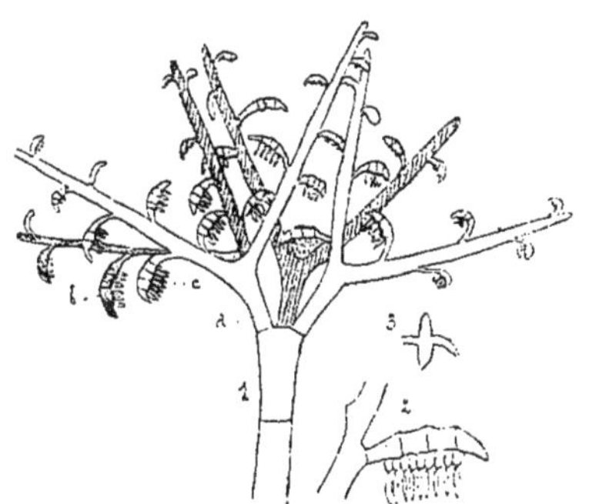

Fig. 15. — *Coëmansia reversa.* — 1, port général de la plante ; *a*, verticille de rameaux primaires ; *b*, appareil sporifère en forme de nacelle ; *c*, spores ; 2, appareil sporifère grossi ; 3, spore germant (d'après Van Tieghem).

Une seule espèce est connue, le *C. reversa*. Cette plante est d'une belle couleur jaune de soufre. Les spores mesurent 7 μ sur 2μ5 ; elles sont également jaunes.

Ce Champignon est parasite des Mucorinées et son parasitisme paraìt nécessaire.

La grande analogie de structure avec le *Martensella* peut

(1) *Ann. sc. nat.*, 6ᵉ série, t. I, 1875.
(2) *Ann. sc. nat.* 1873, fig. 136-139.

amener à se demander s'il n'existerait pas également chez le *Coëmansia* deux sortes de spores.

Kickxella Coëmans (1) (dédié à Kickx, botaniste belge).

Mycélium régulièrement cloisonné. Tube fructifère en général simple, cloisonné, plus gros que le mycélium, présentant trois ou quatre cloisons avec un renflement au centre ; à la partie supérieure du tube, douze à quatorze rameaux qui ont la forme de baguettes un peu courbées, renflées au milieu, atténuées aux deux extrémités, quelquefois bifurquées. Quand la fructification est jeune, ces rameaux sont redressés et appuyés les uns contre les autres. A la maturité, ils se rabattent et portent les spores à la face supérieure. Ces spores verticales sont fixées au sommet d'un tubercule arrondi. On a observé des chlamydospores sur le mycélium et à l'extrémité de petites branches.

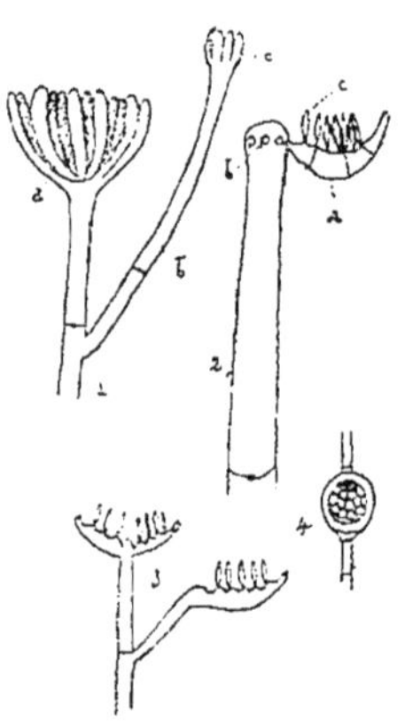

Fig. 16. — *Kickxella alabastrina,* — 1, pied accidentellement ramifié terminé par un verticille d'appareils fructifères jeunes encore dressés *a ;* *b*, deuxième branche terminée de même que la première, *c ;* 2, pied couronné par un seul appareil sporifère, *a ; b*, traces des appareils qui sont tombés ; *c*, spores ; 3, pied normal portant latéralement un appareil sporifère ; 4, chlamydospore (d'après Van Tieghem).

Anomalies. — Le tube fructifère est ordinairement simple ; il se ramifie souvent une fois et se termine par une tête présentant la même organisation que la tête principale. D'autres fois, le bras latéral se termine par une seule nacelle fructifère ayant les spores supérieures. Sur d'autres individus, les nacelles terminales ont les spores inférieures.

Une seule espèce est connue jusqu'ici : *K. alabastrina*, qui

(1) *Spicil. myc.*, III.

se rencontre sur les excréments de chat, de cheval, de rat.

Forme parfaite. — MM. Van Tieghem et Le Monnier pensaient que ce Champignon doit appartenir à l'ordre des Ascomycètes. Ces deux botanistes ont vu fréquemment naître des périthèces sur le mycélium ; mais ces périthèces étaient de plusieurs sortes ; parfois, ils ont vu le mycélium s'enrouler en tire-bouchon. M. Saccardo est plus précis, il pense que la plante actuelle est l'état conidial d'une Sphériaciée à laquelle il donne le nom de *Kickxella alabastrina*, réservant le nom de *Coëmansiella alabastrina* à l'état conidien.

La démonstration de cette assimilation devra être confirmée.

De Bary (1) professait récemment encore une autre opinion : il était plus disposé à regarder les *Coëmansia*, *Kickxella* et *Martensella* comme voisins des Mucorinées. Leur mode de vie rappelle absolument celui des *Piptocephalis*, dont ils possèdent le parasitisme nécessaire ; la germination transversale des spores, le tortillement des tubes mycéliens sont autant de traits de ressemblance de ces divers genres. MM. Van Tieghem et Le Monnier pensent, il est vrai, que cette conformité d'organisation tient à une commune adaptation à la vie parasitaire.

Les quatre genres qui viennent d'être étudiés forment probablement une famille spéciale et naturelle qui peut être désignée sous le nom de famille des *Martensellées*.

(1) *Morph. und Phys. der Pilze*, 1884, p. 168.

Gonatobotrys Corda (2) (grappe à nodosités).

Mycélium rampant. Filaments fertiles dressés, incolores,
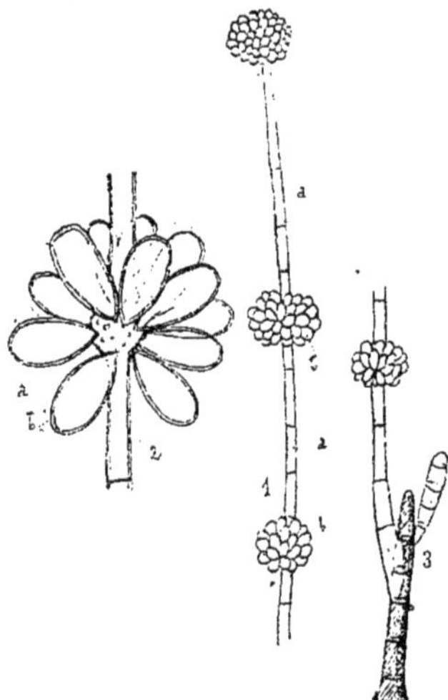
cloisonnés, le plus souvent simples, rarement ramifiés et présentant des parties renflées à peu près équidistantes sur un même filament. La nodosité, qui est limitée à une partie de l'espace entre deux cloisons, est hérissée de verrues sur lesquelles des spores simples s'attachent en nombre variable. La région internodale peut comprendre plusieurs cellules d'un même filament. La partie terminale du pied peut présenter un capitule de spores, mais le filament s'accroît ultérieurement au delà. Le tube fructifère incolore s'attache à sa base obliquement sur de courts filaments noirâtres qui

Fig. 17. — *Gonatobotrys simplex.* — 1, port général ; *a*, parties infertiles : *b*, articles fructifères ; 2, article grossi. *a* ; *b*, spores ; 3, mode d'attache du filament du Gonatobotrys sur un filament noir de Clasterosporium qui supporte une spore de cette dernière Mucédinée (d'après Corda).

portent latéralement des spores incolores, allongées, pré-

(1) Voir p. 8.
(2) *Pracht-Flora*, pl. V.

sentant plusieurs cloisons parallèles, arrondies du côté libre, légèrement pointues du côté du point d'attache.

Quatre espèces connues : *G. simplex, flava, microspora, ramosa.*

Affinités. — On ne sait rien jusqu'à présent sur les affinités des Champignons rangés dans ce genre. De Bary (1) ne donne que des renseignements négatifs sur ce sujet. Un seul point semble établi par la figure du *G. simplex* donnée par Corda, c'est que ces longs filaments blancs naissent au milieu de larges taches noires constituées par le *Clasterosporium tenuissimum* Sacc. ou *Helmisporium tenuissimum* Nees.

Gonatobotryum Saccardo (2) (voisin du *Gonatobotrys*).

Mêmes caractères que les *Gonatobotrys*, mais les filaments et les spores sont colorés en noir plus ou moins dilué.

Deux espèces : *G. fuscum* et *maculicolum.*

Gonatorrhodum Corda (3) (nœuds à chapelets).

Filaments fructifères dressés, olivacés, cloisonnés, souvent ramifiés et renflés en certains points sur lesquels s'insèrent des stérigmates présentant deux ou plusieurs cloisons parallèles. Ces stérigmates portent chacun un chapelet de spores. Une seule cellule forme les nœuds et plusieurs les séparent. Spores simples, ovoïdes, olivâtres (fig. 18, p. 54).

Deux espèces connues : *G. speciosum* et *fuscum.*

Arthrobotrys Corda (4) (grappe articulée).

Filaments fertiles dressés, simples, cloisonnés, à nœuds renflés, incolores. Nœuds présentant un certain nombre de

(1) *Morph. und. Phys. der Pilze*, p. 273.
(2) *Michelia*, II, p. 24.
(3) *Pracht-Flora*, p. 5, pl. III.
(4) *Idem*, pl. XXI.

verrues disposées en spirale et portant les spores. Spores piriformes, oblongues, divisées en deux cellules par une cloison, souvent un peu étranglées en ce point, incolores ou très faiblement colorées.

Quatre espèces connues : *A. superba, recta, longispora, rosea.*

Affinités. — Karsten (1) avait cru pouvoir affirmer que l'*Arthrobotrys oligospora* n'était que le *Cephalothecium roseum* chez lequel le pédicelle se serait prolongé au delà du premier capitule de spores.

De Bary et Woronin (2) ainsi que Löw (3) ont démontré qu'il n'en était rien. Cela résulte également de nos observations, car le *Cephalothecium* n'est pas en réalité terminé par un capitule.

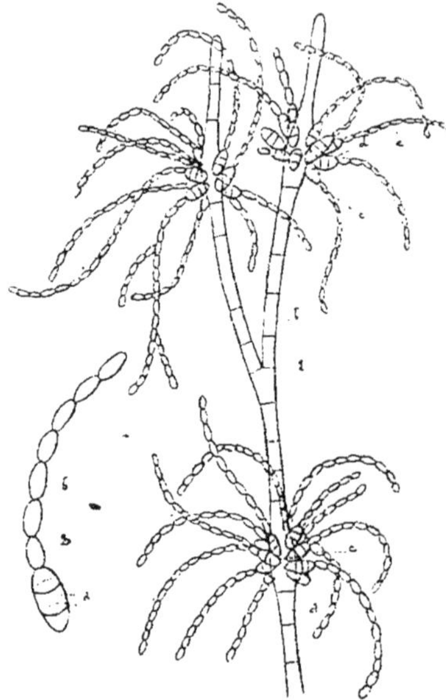

Fig. 18. — *Gonatorrhodon speciosum.* — 1, port de la plante ; *a*, filament général se ramifiant en *b* ; *d*, baside supportant le chapelet sporifère *e* et s'insérant sur l'article renflé, *c* ; 2, chapelet de spores *b* porté par la baside pluricellulaire *a* (d'après Corda).

Germination. — De Bary et Woronin ont étudié la germination de l'*Arthrobotrys oligospora* qui se développe souvent avec le *Sordaria fimiseda.* Le mycélium porte des boucles qui s'anastomosent entre elles de manière à former un réseau. On peut voir partir d'une de ces boucles un filament dressé qui se termine à la partie supérieure par un premier capitule de spores. Une deuxième forme de spores peut

(1) Münter. Ueber Fichtennadel-Rost (*Botan. Unters. herausgeg. von Karsten*, p. 229).
(2) *Beiträge z. Morph.*, III, p. 29.
(3) Voir *Cephalothecium.*

quelquefois naître presque directement des premières sur
le tube germinatif court qui se renfle à son extrémité, se cloisonne et se couvre de granulations. Ces organes reproducteurs sont quelquefois composés de deux cellules échinulées
séparées par un étranglement.

Observations. — Nous avons eu l'occasion d'observer un
Arthrobotrys qui s'est développé sur les coupelles où nous
cultivions le *Rhopalomyces nigripes.* Sur ces filaments, on

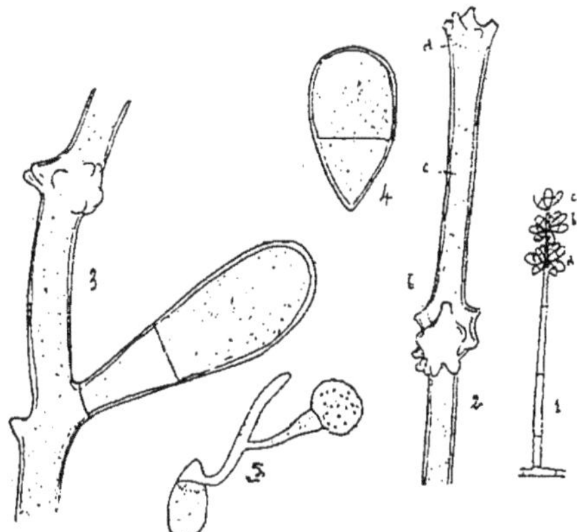

Fig. 10. — *Arthrobotrys oligospora.* — 1, port de la plante ; *a, b, c,* trois verticelles
de spores ; 2, extremité dénudée du filament sporifère ; *a,* article terminal ; *b,* article
sporifère suivant ; *c,* partie infertile ; 3, production anormale d'une spore au-dessous
d'un article ordinaire ; 4, spore grossie ; 5, germination d'une spore ; production
d'une autre sorte de spore à paroi hérissée de granulations.

voit que le nombre des spores est variable avec les différents
articles. Sur un filament, à l'extrémité, il n'y a que trois
spores et à l'article au-dessous huit ; sur un autre individu
trois et neuf spores, etc. Il résulte de ce fait que le filament développe ses articles successivement, et que la partie
terminale est la plus jeune et la moins différenciée. Dans
tous les filaments que nous avons observés, il n'y avait pas
plus de trois articulations, et comme ces articles sont
d'abord assez rapprochés, un examen superficiel pourrait
faire croire qu'on a affaire à un filament terminé par un
seul bouquet de spores. Il est à remarquer que les cloisons ne séparaient pas les trois articulations sporifères ; ces

cloisons doivent apparaître plus tard. Le développement des spores n'est peut-être pas simultané dans un même article et toujours terminal, car nous avons observé l'apparition d'une spore au-dessous de l'article le plus inférieur ; elle était seule et aucune trace verruqueuse n'indiquait qu'elle eût été accompagnée de spores tombées.

Certains filaments partaient de la tête du Rhopalomyces ; il ne résulte pas cependant de cette observation que cette plante serve normalement de support nourricier à l'*Arthrobotrys*.

Arthrinium Kunze (1) (articulé).

Mycélium rampant et peu apparent. Filaments fertiles le plus souvent simples, hyalins, cylindriques, cloisonnés. Membrane externe du filament noirâtre à l'endroit des articulations. Spores latérales disposées en verticilles et s'insérant sur les parties noires, au voisinage des cloisons ; spores noires et très allongées.

Exemple : *A. caricicolum, sporophleum*, etc., espèces qui se développent principalement sur les feuilles des Cypéracées.

Fig. 20. — *Arthrinium caricicolum.* — *a*, partie infertile incolore ; *b*, article fertile noirâtre ; *c*, spore (d'après Saccardo).

Camptoum Link (2) (courbé, — forme des spores).

Mycélium peu développé. Filaments fertiles simples, incolores, présentant des anneaux noirs, légèrement renflés. Les spores naissent toujours par bourgeonnement simultané à l'extrémité du filament qui présente à l'origine une petite tête formée de bourgeons sporifères incolores qui tombent tous ensemble lorsqu'ils sont mûrs et noirs. A un autre stade, on n'observe à l'extrémité du filament qu'une partie pointue incolore ; le filament s'est

(1) *Myk.*, I, p. 9.
(2) *Spec. Hyp. Fungi*, I, p. 44.

donc allongé au delà de l'anneau sporifère qui brunit. Ces filaments fructifères sont quelquefois élargis à la base, d'autres fois terminés, au contraire, en pointe. Ils forment des touffes noires plus ou moins denses sur les feuilles mortes de Cypéracées. Spores noires, courbées en forme de nacelle, sans cloison, arrondies légèrement du côté libre.

Remarque. — Ce genre, dont on ne connaît que deux espèces, *C. curvatum et cuspidatum,* a été très peu étudié

Fig. 21. — *Camptoum curvatum.* — 1, aspect de la plante sur son support ; 2, pédicelle fructifère ; *a*, partie infertile incolore ; *b*, article fertile noir ; *c*, capitule sporifère ; 3, filament commençant à produire un capitule nouveau *a* ; 4, spore isolée (d'après Corda).

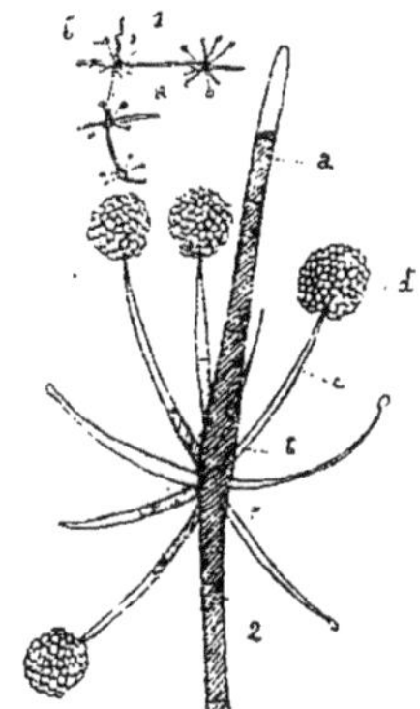

Fig. 22. — *Gonytrichum cæsium.* — 1, aspect général de la plante ; *a*, filaments rampants ; *b*, filaments fructifères ; 2, partie fructifère grossie ; *a*, filament rampant ; *b*, article renflé ; *c*, pédicelles fructifères ; *d*, capitule de spores (d'après Corda).

jusqu'ici. Il est actuellement difficile de savoir par les descriptions anciennes s'il y a une cloison à l'intérieur de l'anneau noir. Il semblerait résulter d'une observation faite par M. Cornu (1) que le mycélium est sans cloison et que la plante présenterait peut-être quelques affinités avec les *Rhopalomyces.* Il est assez délicat de se prononcer sur cette question, car le *C. curvatum* a été autrefois considéré comme un *Arthrinium,* genre à mycélium cloisonné.

(1) *Bull. de la Soc. botanique,* 1886, p. 495.

Gonytrichum Nees (1) (filament à nodosités).

Filaments plus ou moins couchés, ramifiés, noirâtres, renflés à l'endroit des ramifications en nœuds d'où partent de nombreux pédicelles pointus à leur extrémité et supportant de nombreuses spores agrégées en capitule. Spores globuleuses, entourées de mucus.

Quatre espèces de ce genre sont actuellement connues : *G. cæsium, fuscum, erectum, gilvum.*

(1) *Act. Leop.*, IX, p. 244, pl. XV, fig. 14.

<h1 style="text-align:center">QUATRIÈME GROUPE (1).</h1>

Sepedonium Link (2) (putréfiant — Champignon).

Filaments rampants, un peu ramifiés. Spores solitaires naissant à l'extrémité des rameaux, quelquefois agrégées au nombre de deux ou trois ; ces spores hérissées de petites pointes, sont incolores ou colorées, mais jamais brunâtres ou noirâtres. Mucédinée se développant souvent sur les champignons qui pourrissent.

Quatorze espèces ont été rattachées à ce genre : *S. chrysospermum, curvisetum*, etc.

Formes parfaites. — Un certain nombre d'espèces de ce genre doivent être rattachées aux *Hypomyces* et les autres aux *Mortierella*. Tulasne a démontré que le *Sepedonium chrysospermum*, qui forme à la surface des Bolets un beau revêtement jaune, doit être considéré comme représentant les chlamydospores de l'*Hypomyces chrysospermus*. Il est vraisemblable, bien que la démonstration n'ait pas été faite, que le *Sepedonium flavidum*, qui se développe sur le *Polyporus*

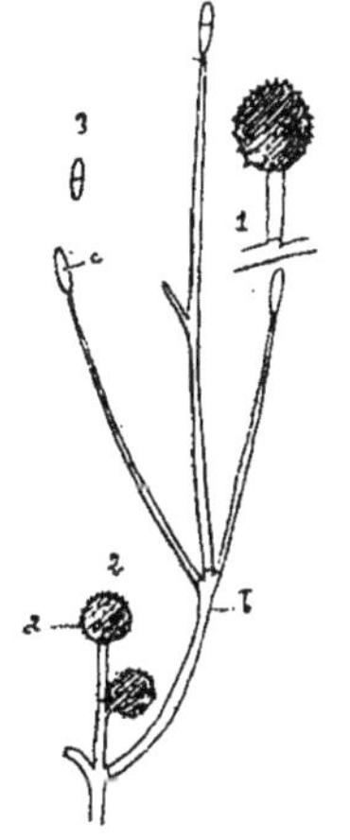

Fig. 23. — *Sepedonium chrysosperinum.* — Sepedonium isolé ; 2, Sepedonium *a* associé à la deuxième forme conidienne *b* de l'*Hypomyces*.

(1) Voir p. 9.
(2) *Observat. myc.*, I, p. 16.

acanthoides, le *S. Cordæ*, qui croît sur le *Peziza macropus*,
le *S. sphærosporum*, qui peut être rencontré sur les lamelles
des Agarics, doivent être rattachés à ce même genre d'Ascomycète (1). Il y a d'ailleurs autant de raisons de créer ces
espèces nouvelles que l'*Hypomyces cervinus* de Tulasne.

D'un autre côté, MM. Van Tieghem et Le Monnier ont
établi que le *Monosporium sepedonioides* Harz doit être considéré comme une stylospore de *Mortierella;* cette forme
a été rangée à tort parmi les *Monosporium*, c'est un véritable *Sepedonium*. Il est vraisemblable que la même assimilation doit être faite pour les *S. curvisetum* et *S. mucorinum*.

Pellicularia Cooke (2) (pellicule).

Champignon parasite. Mycélium rampant, ramifié, cloisonné, formant une pellicule presque gélatineuse. Spores
insérées sur des filaments latéraux courts, presque nuls, de
manière à paraître presque sessiles, incolores, échinulées.

Une seule espèce a été décrite, le *P. Koleroga* qui se développe sur la face inférieure des feuilles du Caféier. Ces
champignons diffèrent des *Sepedonium* par leur parasitisme.

Asterophora Ditmar (3) (porte-étoile).

Filaments stériles rampants, ramifiés. Spores le plus souvent à l'extrémité des rameaux fructifères, lisses ou présentant un petit nombre de tubercules de façon à avoir l'aspect
étoilé. Ces spores légèrement colorées en jaune-brun apparaissent quelquefois le long des filaments.

Deux espèces se développent sur les *Nyctalis* et sur les
Russules qui supportent ces derniers Champignons, l'une à
spore lisse, l'autre à spore tuberculeuse. L'*A. Pezizæ* ne

---

(1) M. Fayod (*Ann. des sc. nat.*, 7ᵉ série, t. II, pl. III) a décrit sous
le nom d'*Hypomyces Leotiarum* un *Sepedonium* nouveau dont l'appareil ascosporé n'a été rencontré que par M. Vuillemin ; il doit être
rattaché aux *Melanospora*.

(2) *Coffee diseases.*

(3) Sturm, *Deutschl. Flora*, III, 2, p. 53.

correspond pas à la définition précédente des *Asterophora*.

Affinités. — On ignore actuellement à quel groupe il faut rattacher ces Champignons. De Bary (1) regarde l'espèce qui se développe sur le *Nyctalis* comme un deuxième appareil reproducteur de ce Basidiomycète comparable aux chlamydospores qui s'observent communément dans les autres groupes. En général, la présence de cette forme reproductrice est en rapport avec l'atrophie des basides ; cependant on peut trouver sur les individus vigoureux des ébauches de lamelles portant des basidiospores.

Tulasne (2) s'est absolument opposé à cette manière de voir ; il regarde la végétation précédente comme parasitaire sur le *Nyctalis*. L'atrophie des basides est en rapport, selon lui, avec le développement du parasite (3). Comme il se développe sur les grands Champignons en y formant une enve-

Fig. 24. — *Asterophora agaricicola*. — 1, *Nyctalis b* sans *Asterophora* se développant sur une Russule *a*; 2, *Nyctalis* modifié par la présence de l'*Asterophora*; *a*, lamelles atrophiées; *b*, partie sur laquelle on observe les corpuscules représentés en 3 ; 3, *Asterophora*; *a*, chlamydospore terminale ; *b*, deux chlamydospores en file.

loppe superficielle et qu'il est constitué presque constamment de chlamydospores, il l'assimile à un *Hypomyces;* c'est l'*Hypomyces Asterophorus* (4). On voit donc combien sont divergentes, sur une même question, les opinions de deux hommes également éminents. Cet exemple montre d'une manière très nette que la méthode inductive est absolument insuffisante pour trouver la solution des difficiles

(1) *Botanische Zeitung*, 1859, p. 385. Cette opinion est également exposée dans le Traité de 1883, *Morph. und Phys. d. Pilze.*

(2) De quelques sphéries fungicoles à propos d'un mémoire de M. de Bary sur les Nyctalis (*Ann. des sc. nat.*, 4e série, t. XIII, 1860, p. 54).

(3) Il n'y aurait pas à distinguer deux espèces de *Nyctalis* dans cette hypothèse, mais deux *Hypomyces.*

(4) Tulasne, *Selecta carpolog. fung.*, III, p. 54.

problèmes que l'on peut rencontrer en mycologie. La continuité des tissus, ce critérium si souvent employé avec tant de succès par Tulasne, se trouve absolument insuffisant ici et est combattu par lui. La méthode des cultures seule permettra de résoudre la question précédente. En attendant, ne sachant si nous devons rapporter l'*Asterophora* aux Ascomycètes ou aux Basidiomycètes, nous le maintiendrons comme genre provisoire (1).

Hyphoderma Fries (2) (filaments disposés en une sorte de derme).

Filaments fertiles simples, courts, dressés, formant une sorte de membrane ou croûte, terminés par des spores. Spores sphériques, unicellulaires, incolores ou faiblement colorées, grosses relativement aux filaments.

Une seule espèce connue : *H. roseum.*

Acremonium Link (3) (une spore terminale).

Filaments mycéliens couchés, peu ramifiés, portant latéralement des rameaux fructifères simples, présentant accidentellement une ramification latérale et se terminant par une seule spore incolore ou faiblement colorée.

Huit espèces connues : *A. alternatum*, etc.

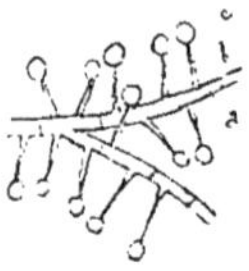

Fig. 25. — *Acremoniella fusca.* — *a*, filament rampant ; *b*, filament fertile ; *c*, spore (d'après Corda).

Acremoniella Saccardo (4) (voisin des *Acremonium*).

Filaments rampants ou obliques, simples ou rameux, incolores ou noirâtres, portant des

(1) MM. Vuillemin et de Seynes ont appuyé récemment l'opinion de de Bary sur de nouvelles observations qui paraissent la justifier.
(2) *Summa Veg. sc.*, p. 447.
(3) *Observ. myc.*, I, p. 13.
(4) *Fungi italici*, pl. DCCXIII.

rameaux sporifères simples, courts, présentant à leur extrémité une seule spore. Spore globuleuse ou ovoïde, non cloisonnée, noire.

Sept espèces connues : *A. fusca, atra,* etc.

Monotospora Corda (1) (une spore).

Filaments stériles rampants, peu développés. Filaments fertiles, noirâtres, simples, courts ou un peu allongés, portant à leur extrémité une spore beaucoup plus grosse que le filament. Spore globuleuse ou oblongue non cloisonnée, noirâtre.

Onze espèces connues : *M. atrum,* etc.

Hadrotrichum Fuckel (2) (filament robuste).

Mycélium nul ou peu apparent à l'extérieur. Filaments fructifères courts, simples, sans cloison, brunâtres, ayant l'aspect de basides larges et portant une seule spore à leur extrémité. Spores globuleuses ou un peu oblongues, sans cloison, noirâtres, solitaires.

Ces basides sont fréquemment rapprochées en groupes.

Cinq espèces de ce genre sont actuellement connues : *Hadrotrichum Phragmitis, microsporum, Populi,* etc.

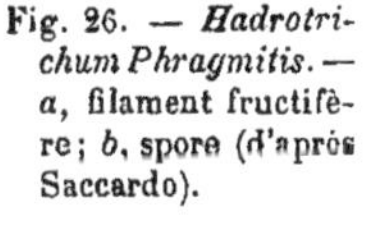

Fig. 26. — *Hadrotrichum Phragmitis.* — *a,* filament fructifère; *b,* spore (d'après Saccardo).

Affinités. — On possède quelques renseignements sur les affinités des deux premières espèces. Fuckel a décrit l'*H. Phragmitis* comme l'état conidial du *Scirrhia rimosa* (3). On observe la forme imparfaite, en automne, à la face inférieure des feuilles vivantes du *Phragmites communis.* C'est à cet état que l'auteur rencontra d'abord la plante et lui donna un nom. Plus

(1) *Icones fungorum,* 1, p. 11.
(2) *Symb. mycol.,* p. 221.
(3) *Loc. cit.,* p. 221.

tard, il retrouva ces conidies se développant sur un jeune stroma de *Scirrhia* de manière à ne laisser aucun doute, d'après lui, sur la dépendance des deux formes. Tous les *Hadrotrichum* ne peuvent pas être rapportés à ce même genre. D'après Saccardo (1), l'*Hadrotrichum microspermum* serait l'état conidial d'un *Phyllachora*. D'ailleurs ces deux genres Ascomycètes se rattachent au groupe des Dothideacées, le premier a les spores incolores et divisées en deux par une cloison, le second a les spores non cloisonnées, mais également incolores.

Trichothecium Link (2) (filament portant des thèques (3).

Filaments stériles rampants. Filaments fertiles dressés, simples, sans cloison ou peu cloisonnés et terminés par *une seule* spore. Spore incolore ou peu colorée comme les filaments, en forme de poire, élargie du côté libre, amincie vers le point d'attache, divisée par une cloison en deux cellules.

La figure donnée par Saccardo dans les « Fungi italici » (fig. 956) peut laisser un doute sur la valeur de l'espèce *T. roseum*. En effet, quand on suit le développement du *Cephalothecium roseum*, on constate que fréquemment la spore apparaît d'abord comme un léger renflement terminal courbé par rapport à l'axe. Sur cette spore il en bourgeonne d'autres à la base, ainsi qu'Hoffmann l'a observé et que nous l'avons vérifié.

Fig. 27. — *Trichothecium candidum.* — *a*, filament fructifère dressé sur le mycélium ; *b*, spore (d'après Saccardo).

Quand cette dernière espèce est arrêtée au premier stade de son développement, on peut la confondre avec un *Tri-*

(1) *Syll. fung.*, IV, p. 301.
(2) *Species Hyphom. et Gymnom.*, I, p. 28.
(3) Mot détourné de sa véritable acception.

chothecium, surtout avec le *Trichothecium roseum* dont la spore unique est souvent courbée. On peut se demander si, dans certaines conditions encore inconnues, le bourgeonnement de la spore terminale ne se produirait pas. Les deux espèces seraient alors identiques.

Les remarques précédentes s'appliquent au *T. roseum* et non au *T. candidum*.

Bostrichonema Cesati (1) (filament ondulé, en boucle).

Champignon parasite. Filaments simples, dressés, ondulés, incolores, supportant à leur partie supérieure une spore. Spore ovoïde, un peu allongée, incolore, présentant une cloison.

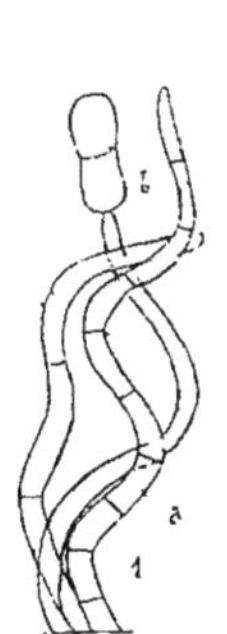

Fig. 28. — *Bostrichonema alpestre.* — 1, *a*, filaments fertiles; *b*, spore qui n'est pas à maturité; 2, spore mûre (d'après Saccardo).

Quatre espèces ont été rattachées à ce genre : *B. alpestre, modestum,* etc.

Mycogone Link (2) (génération de Champignon. — Champignon naissant sur un autre).

Filaments ramifiés, bientôt enchevêtrés les uns dans les autres. Sur ce mycélium abondant naissent des rameaux courts, incolores, terminés par une spore. Spore formée de deux cellules inégales; la supérieure, qui est la plus grande, est échinulée et colorée.

Cinq espèces ont été décrites jusqu'ici : *Myc. rosea, cervina, Pezizæ, anceps, puccinioides.*

Forme parfaite. — Il est nécessaire, en parlant des formes parfaites auxquelles se rattachent ces Champignons, de distinguer les différentes espèces.

(1) *Erb. critt. ital.,* n° 149.
(2) *Species Hyphom. et Gymnom.,* I, p. 29.

1° Le *Mycogone rosea* se rapporte, d'après Tulasne, à un *Hypomyces* inconnu auquel il a donné le nom d'*H. Linkii*. Cette fructification est commune sur les *Amanita rubescens* et sur les *Inocybe rimosus;* elle serait la forme de chlamydospore d'une espèce de *Melanospora* (1).

2° On est moins renseigné sur le *Mycogone cervina* que Tulasne (2) rapporte à un *Hypomyces* problématique jusqu'à ce jour et qu'il appelle *H. cervinus;* à l'état de *Mycogone*, il se rencontre sur les *Peziza macropoda* et *acetabulum* et sur les *Helvella monachella*. C'est absolument par induction que Tulasne a donné ces noms à la plante précédente et à plusieurs autres voisines, à cause de leur mode de vie et de la similitude des formes reproductrices imparfaites. Il serait très intéressant de vérifier si les prévisions de cet éminent mycologue sont exactes.

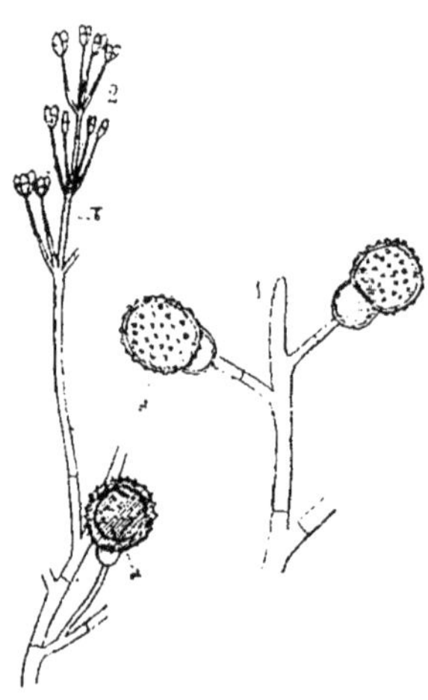

Fig. 28'. — *Mycogone cervina.* — 1, mycogone isolé; *a*, spores; 2, mycogone associé à la deuxième forme conidienne *Diplocladium* (d'après Harz).

3° Saccardo, d'un autre côté, déclare que le *Mycogone anceps* qu'il a pu observer sur les excréments humains est l'état de chlamydospore du *Pilobolus Œdipus*. Cette assimilation ne paraît en rien justifiée jusqu'ici par tout ce que l'on sait sur le groupe des Pilobolées (3).

Autre forme conidienne. — Il résulterait des recherches de Harz (4) que le *Mycogone cervina* et le *Mycogone rosea* sont susceptibles d'être associés à d'autres formes conidiennes;

(1) *Selecta fungorum carpologia*, III. p. 44. Cornu, *Soc. bot.*, 1881, 11.
(2) *Idem*, p. 51.
(3) Voir les nombreuses recherches de MM. Van Tieghem et Le Monnier et de M. Van Tieghem seul (*Annales des sciences naturelles*, 1873, et années suivantes).
(4) *Bull. de la Soc. natur. de Moscou*, 2e série, t. XLIV, 1871, p. 111.

la première espèce à une sorte de *Diplocladium*, la seconde
à un *Verticillium*. Il n'y a pas de doute à avoir sur le
rapprochement de ces deux appareils reproducteurs, la su-
perposition des deux formes résulte avec une parfaite
netteté des figures données par l'auteur. La présence d'une
deuxième cellule n'est pas indiquée dans le *Mycogone
rosea*, ce qui tendrait à faire éloigner ce Champignon des
Mycogone pour le rapprocher des *Sepedonium;* mais, ainsi
que nous l'avons constaté, ce dernier caractère n'est pas
toujours absolument fixe dans toutes les chlamydospores. L'observation de Harz paraît donc justifier les prévisions de Tulasne, puisqu'elle met en évidence une
deuxième forme reproductrice qui est absolument analogue
à celle des autres *Hypomyces*.

Didymopsis Saccardo et Marchal (1) (spores à deux
cellules, comme les *Didymaria*).

Mycélium peu développé, rampant, incolore, peu cloisonné. Filaments sporifères courts, se
dressant sur le mycélium, incolores,
se terminant par une grosse spore.
Spore oblongue en forme de massue,
divisée par une cloison perpendicu-
laire à l'axe du filament qui la supporte,
incolore. Champignon saprophyte.

Deux espèces connues : *D. perexi-
gua* et *Helvellæ*.

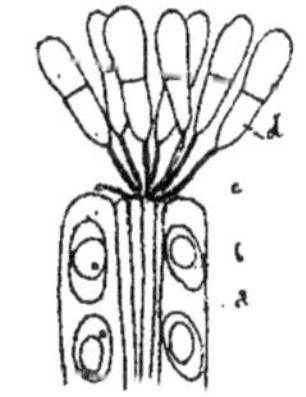

Fig. 29. — *Didymopsis Helvellæ*. — Figure repré-
sentant une coupe d'une
Helvelle couverte par le
Didymaria. *a*, asque; *b*,
spores de l'Helvelle; *c*,
filament fructifère du Didymopsis; *d*, spore de ce
dernier (d'après Corda).

Didymaria Corda (2) (spore double).

Champignon présentant les mêmes
caractères que les espèces précé-
dentes, mais se développant sur des plantes vivantes.

Cinq espèces connues : *D. Ungeri, melæna*, etc.

(1) *Champignons coprophiles de Belgique*, p. 29. Voir l'*addenda*.
(2) *Icones fungorum*, VI, p. 8.

Passalora Fries et Montagne (1) (spore en massue).

Filaments stériles se développant à l'intérieur du tissu des feuilles. Filaments fertiles *allongés*, filiformes, enchevêtrés, cloisonnés, de couleur olivâtre et terminés par une

Fig. 30. — *Passalora bacilligera.* — *a*, filament fructifère noir; *b*, spore bicellulaire noire (d'après Saccardo).

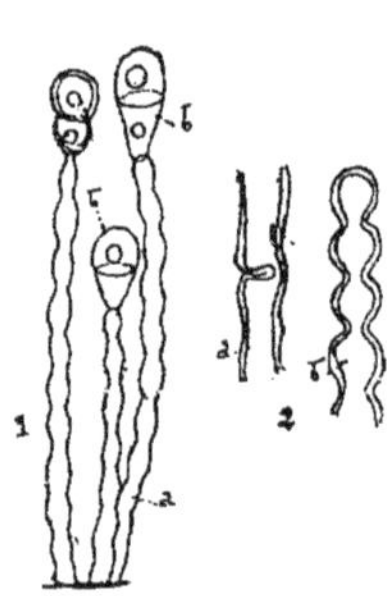

Fig. 31. — *Polythrincium Trifolii.* — 1, *a*, filaments fructifères terminés par une spore *b*; 2, aspects du filament présentant une suite d'étranglements (d'après Corda).

seule spore. Spore oblongue ou fusiforme, quelquefois en massue renversée, de même couleur que les filaments.

Deux espèces connues : *P. bacilligera* et *microsperma*.

Polythrincium Kunze (2) (plusieurs cymaises — à cause de la forme du pied).

Filaments dressés, rapprochés en petits groupes, courts, à étranglements, flexueux, de manière que les sinuosités se touchent, épais, devenant noirs à la fin et surmontés d'une spore solitaire. Spore légèrement olivacée, presque ovoïde, présentant une cloison.

(1) *Annales des sc. nat.*, 2e série, t. VI; p. 31.
(2) *Mykolog. Heft.*, I, p. 13.

Une espèce connue : *P. Trifolii.*

Maladie. — La présence de ce Champignon sur les *Tri-folium pratense, repens, hybridum, alpestre, scabrum* peut s'observer facilement pendant les années humides. On remarque d'abord des taches noires à la face inférieure des feuilles en assez grand nombre. A la loupe, chaque tache est un fascicule de filaments du *Polythrincium.*

Les feuilles restent vertes pendant quelque temps, puis elles jaunissent et se dessèchent. A l'automne, après la chute des feuilles, on voit apparaître des spermogonies qui ont été désignées sous le nom de *Sphæria Trifolii,* Pers.

Ce nom a été donné prématurément, car les périthèces n'ont pas été trouvés jusqu'à présent (1).

Fusicladium Bonorden (2) (rameaux fusiformes).

Filaments fructifères courts, droits, olivâtres, sans cloison, ou peu cloisonnés, se développant à la surface des plantes vivantes (tiges, feuilles, fruits) et se terminant à la partie supérieure par une spore. Spore d'un vert-olive, piriforme, à pointe en haut ou légèrement amincie aux deux bouts, quelquefois ovoïde, présentant toujours une cloison.

Dix espèces connues : *F. dendriticum, pirinum, Cerasi,* etc.

Maladies. — Les *Fusicladium* déterminent des maladies importantes en se développant sur les arbres fruitiers ; M. Sorauer a étudié l'évolution de ces parasites principalement sur les Pommiers (3). Le *F. dendriticum* attaque aussi bien les feuilles que les fruits. Il produit sur ces derniers des taches noirâtres avec un bord blanc qui sont presque universellement répandues. Tant que la pomme reste fraîche, pendant tout l'hiver, la tache s'accroît lentement sans que l'appareil

---

(1) Frank, *Pflanzenkrankheiten,* p. 592 ; Kühn (*Fühling's landw. Zeitung,* 1876, p. 820).

(2) *Handbuch d. allg. Mykol.,* p. 80.

(3) Ueber die Entstehung der Rostflecken auf den Früchten der Kernobstes (*Versamml. deutscher Naturforscher und Ærzte,* 1874). — *Bot. Zeit.,* 1875.

fructifère apparaisse et son développement est régulièrement centrifuge. Le mycélium s'étend dans les cellules épidermiques et presque exclusivement dans cette assise, en y formant des pelotons de pseudo-parenchyme qui brunissent bientôt. La cuticule épidermique, d'abord perforée par un certain nombre de filaments distincts, disparaît complètement, et les fructifications apparaissent sur ces taches qui à l'état stérile étaient connues sous le nom de *Spilocæa Pomi* Fr.. Fréquemment le stroma précédent peut ne pas fructifier, mais ses différentes cellules s'arrondissent plus ou moins, et, en s'isolant, deviennent noirâtres et susceptibles de germer. Lorsque d'autres conditions sont réalisées, quand l'air est humide, le *Fusicladium* apparaît. D'après Frank (1), aucune autre forme reproductrice n'est jusqu'ici connue.

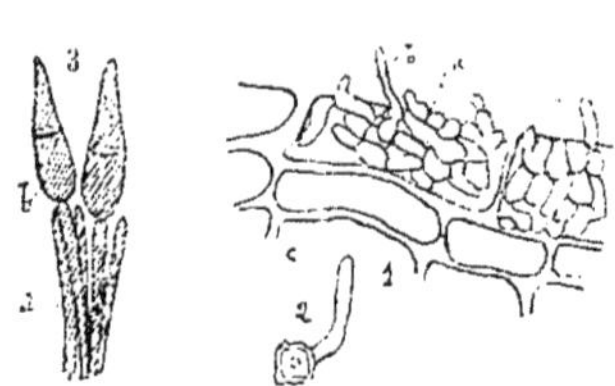

Fig. 32. — *Fusicladium dendriticum.* — 3. *a*, filaments fructifères; *b*, spores (d'après Saccardo); 1, section transversale, faite dans la plante attaquée par le parasite; *a*, mycélium s'enroulant en pelote dans les cellules épidermiques; *b*, points où la cuticule commence à être percée; *c*, cellules sous-épidermiques non attaquées; 2, kyste résultant de l'épaississement de la paroi et de l'isolement d'une cellule du tubercule précédent (d'après Frank).

Le *Fusicladium pirinum* produirait les mêmes modifications sur le Poirier. Ce Champignon a été étudié par le même auteur, il a été également l'objet de remarques de M. Prillieux (2) qui le désigne sous le nom de « tavelure ».

Le *Morthiera Mespili* de Fuckel est une espèce très voisine des deux précédentes; elle s'observe sur le *Cotoneaster vulgaris, tomentosa* et le *Mespilus Germanica*, mais les spores présentent quatre cellules en croix. C'est un parasite très redoutable pour lequel M. Sorauer (3) a trouvé des spermogonies et des périthèces qui se forment pendant l'hiver et qui se rapportent au genre *Stigmatea* ou *Sphærella*.

(1) *Pflanzenkrankheiten*, p. 558.
(2) *Comptes rendus de l'Acad. des sciences*, 1877, p. 910.
(3) *Monatschrift des Vereins zur Beförderung des Gartenbaues in den königl. preuss. Staaten*, XVIII, p. 5.

Forme parfaite. — Si jusqu'ici les recherches n'ont rien appris sur la nature de la forme parfaite du *F. dendriticum,* on possède des renseignements sur le *F. depressum,* qui se rattache au *Phyllachora Angelicæ.* La forme spermogonique serait le *Phyllosticta Angelicæ* (1).

Trichocladium Harz (2) (rameau piliforme).

Filaments couchés, très ténus, incolores, d'abord sans cloison, puis se cloisonnant vers la fin du développement du Champignon. Filaments fructifères courts, portant à leur extrémité une spore noire, hérissée de mamelons présentant une cloison.

Deux espèces sont jusqu'ici connues : *T. asperum,* et *tenellum.*

M. Dufour (3) a cultivé ce Champignon sur des milieux très différents ; il a vu les dimensions des spores varier d'une manière notable ; accidentellement il a constaté l'apparition au milieu de spores normales des spores noires unicellulaires ou tricellulaires avec des cloisons parallèles. Enfin des cultures faites dans le glucose lui ont permis d'observer des spores lisses unicellulaires et légèrement jaunâtres qui peuvent redonner dans un autre milieu le *Tricho-*

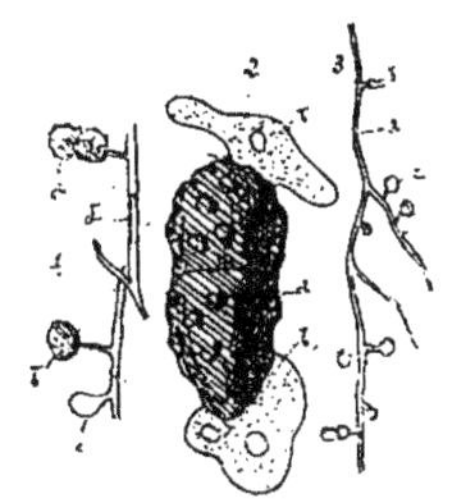

Fig. 33. — *Trichocladium asperum.* — 1, aspect général de la plante ; *a,* spore ordinaire bicellulaire et noire ; *b,* spore accidentellement unicellulaire ; *c,* début de la spore ; *d,* thalle âgé cloisonné ; 2, germination de la spore *a ;* 3, thalle développé dans le glucose ; *a,* thalle non encore cloisonné ; *b,* spores jaunâtres non échinulées et plus petites ; *c,* spores unicellulaires.

cladium ordinaire. Le thalle non cloisonné à l'origine pourrait faire rapprocher ce genre des Mucorinées ou des Oosporées.

(1) Saccardo, *Sylloge fung.,* II, p, 615.
(2) Einige neue Hyphomyceten (*Bull. Soc. nat. de Moscou,* 1871, 2e série, t. XLIV, p. 125).
(3) *Bull. Soc. bot. de France,* 1888, février.

Monacrosporium Oudemans (1) (une spore terminale).

Mycélium rampant, abondant, cloisonné, ramifié. Filaments fertiles, dressés, presque sans cloison, terminés à leur sommet par une seule spore. Spore allongée, solitaire, fusiforme, à plusieurs cloisons parallèles entre elles, incolore ou faiblement colorée comme les autres parties du Champignon. Espèces saprophytes.

Trois espèces sont connues : *M. elegans, subtile* et *oxysporum.*

Dactylella Grove (2) (ressemblance avec les *Dactylium*).

Filaments stériles rampants et peu abondants. Filaments fertiles dressés, cloisonnés ou sans cloison, simples, incolores, se terminant à la partie supérieure par une spore solitaire. Spore incolore, elliptique, cylindrique ou fusiforme, présentant plusieurs cloisons parallèles entre elles. Espèces saprophytes.

Ce genre diffère du précédent par l'absence presque complète de mycélium.

Six espèces sont décrites : *D. minuta, ellipsospora,* etc.

Ramularia Unger (3) (petit rameau).

Filaments fructifères dressés, en général simples ou légèrement ramifiés, présentant des denticules à leur partie supérieure où peuvent s'insérer quelquefois les spores. En général cependant les spores sont terminales, ovales cylindriques, quelquefois simples, mais assez rapidement divisées en deux puis en trois cellules. Ces spores sont normalement

(1) *Aanwensten voor der flora mycologica van Nederland* (1875-1878), IX-X, p. 48.

(2) *Now or not ever Frengi,* p. 12.

(3) *Die Exantheme der Pflanzen und einige mit diesen verwandte Krankheiten der Gewächse,* Vienne, 1833.

solitaires ; accidentellement, elles peuvent s'agencer en court chapelet.

Ce genre comprend une centaine de formes décrites.

Forme parfaite. — On possède des renseignements sur la forme parfaite de deux espèces de ce groupe. D'après Tulasne (1), le *Ramularia Geranii* Fuck. ou *Selenesporium minutissimum* Desm., est l'état conidial du *Stigmatea Geranii* Fr. qui est une Spheriacée hyalodidymée, c'est-à-dire à spores incolores et bicellulaires.

Saccardo (2) signale également le *Ramularia Tuslasnei* Sacc. comme l'état conidial du *Sphærella Fragariæ*. Il y aurait évidemment de nouvelles recherches à faire sur ce point, car un autre renseignement est donné par le même auteur dans le second volume du Sylloge (3), où l'état conidial de la même Sphérie est décrit comme étant un *Graphium* ou un *Stysanus*. Il peut être utile de noter tous ces faits, mais la précision des résultats est bien insuffisante ; l'emploi d'une méthode plus parfaite serait désirable.

Maladies. — M. Frank (4) a étudié une maladie produite

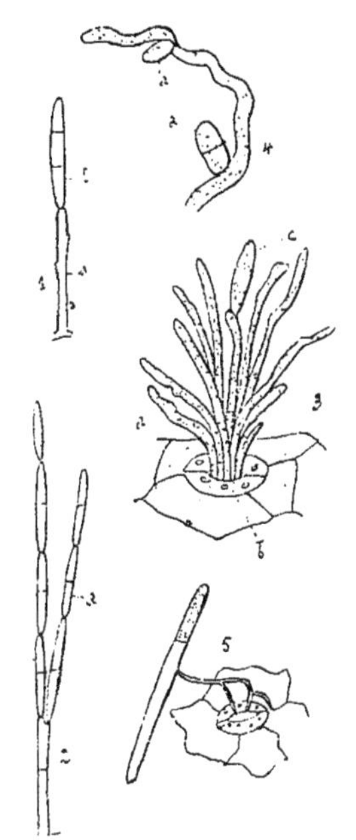

Fig. 34. — *Ramularia Cynaræ.* — *a.* filament fructifère denticulé ; *b*, spore ; 2, *Ramularia pratensis* ; *a*, spores disposées en chapelet ; 3, 4, 5, *Ramularia obovata* ; 3, touffe fructifère *a* sortant d'un stomate *b* ; *c*, spore pas encore mûre ; 4, figure montrant la situation accidentellement latérale du spore *a* par suite de l'allongement du filament fructifère ; 5, germination ; *a*, spore ; *b*, tube germinatif ; *c*, tube germinatif pénétrant dans le stomate (d'après Saccardo et Franck).

(1) *Selecta carpologia fungorum*, II, p. 290.
(2) *Syll. fung.*, IV, p. 203.
(3) *Ibid.*, II, p. 505.
(4) Ueber einige Schmarotzerpilze welche Blattflecken-Krankheiten verursachen (*Botanische Zeit.*, 1878, p. 625).

par le *Ramularia ovata* sur les feuilles des *Rumex sanguineus et crispus*. Le mycélium se développe dans les espaces intercellulaires et forme des pelotes dans les chambres à air que l'on rencontre au voisinage des stomates. Si l'air est sec, on peut empêcher pendant plusieurs semaines l'apparition de la fructification : le tubercule envoie alors seulement des filaments qui se ramifient dans toute la feuille. Si l'humidité est suffisante, au contraire, il part du tubercule une courte tige de laquelle s'isolent les supports conidiens en buisson. En semant des spores sur une feuille saine, l'infection peut se manifester au bout de dix à quatorze jours ; on voit d'abord des taches sur les feuilles, puis les supports conidiens apparaissent. M. Frank n'a pas observé d'autre forme fructifère.

Pirieularia Saccardo (1) (en forme de poire).

Filaments fructifères simples, dressés, cloisonnés, incolores, terminés à la partie supérieure par une seule spore.

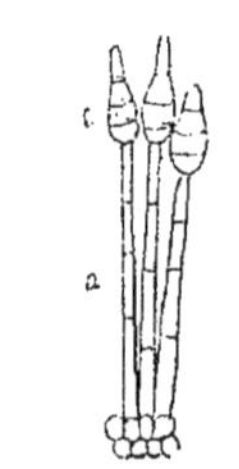

Spore piriforme (dont la pointe est supérieure), incolore, présentant plusieurs cloisons parallèles entre elles. Champignon parasite.

Deux espèces : *P. grisea* et *scripta*.

Fig. 35. — *Pirieularia grisea*. — *a*, pied fructifère ; *b*, spore (d'après Saccardo).

Cercosporella Saccardo (2) (rappelant un *Cercospora*).

Champignon entièrement blanc. Filaments fructifères simples ou un peu rameux portant à la partie supérieure ou au voisinage du sommet de très longues spores vermiculaires. Spores incolores, effilées à la partie supérieure et présentant un grand nombre de cloisons parallèles.

Huit espèces connues : *C. cana, septorioides*, etc.

(1) *Michelia*, II, p. 20.
(2) *Ibidem*, p. 20.

Maladies. — M. Frank (1) a suivi le développement du *Cercosporella cana* sur les feuilles de l'*Erigeron canadense*. Le mycélium reste intercellulaire, mais il envoie des suçoirs dans les cellules dont le contenu apparaît aussitôt comme désorganisé. Il se forme des pelotons au voisinage des stomates dans les chambres à air ; les supports conidiens sortent en buisson par les orifices stomatiques et produisent à leur extrémité une spore cylindrique qui se cloisonne plus tard. Des individus sains d'*Erigeron canadense* ensemencés ont présenté les mêmes phénomènes ; au bout de dix jours la maladie est reconnaissable ; au bout de dix-sept jours les feuilles meurent. Quand les spores germent sur une feuille saine, une des cellules de la longue spore émet un filament délié qui se ramifie à la surface de l'épiderme et qui pénètre bientôt par les stomates dans l'intérieur de la feuille.

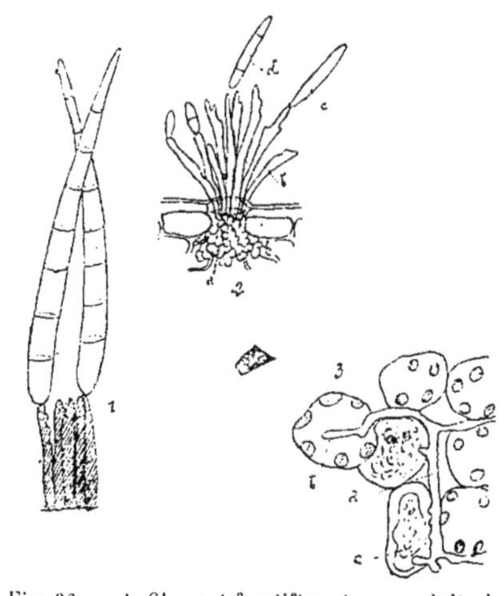

Fig. 36. — 1, filament fructifère et spore adulte du *C. nebulosa*; 2, *Cercosporella cana*; a, tubercule mycélien se formant dans une chambre sous-stomatique; b, tubes fructifères sortant par le stomate; c, spore non arrivée à maturité; d, spore plus développée; 3, aspect du mycélium, à l'intérieur de la plante nourricière; a, mycélium entre les cellules; b, branche pénétrant dans une cellule intacte; c, cellule où le protoplasma est déjà désorganisé par la pénétration d'un rameau mycélien (d'après Frank).

Forme parfaite. — M. Frank a observé la forme parfaite du Champignon précédent. Les périthèces, qui se développent après la chute de la feuille, en automne et pendant l'hiver, se forment aux dépens de quelques-uns de ces pelotons mycéliens qui avaient produit les filaments conidiens ; la Sphérie ainsi observée se rattache au type des *Sphærella*.

(1) Ueber einige Schmarotzerpilze (*Botanische Zeitung*, 1878, p. 625).

Helminthosporium Link (1) (spore en Helminthe).

Filaments fructifères rigides, simples, noirâtres, cloisonnés, se développant sur le bois, terminés par une seule spore. Spore noire, fusiforme ou en massue allongée et renversée, quelquefois cylindrique, présentant un grand nombre de cloisons, rigide, lisse.

On compte plus de cent formes rattachées à ce genre.

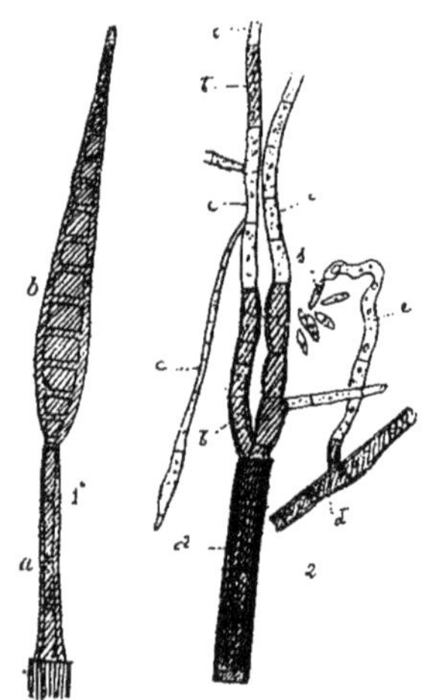

Fig. 37. — *Helminthosporium obclavatum.* — 1, *a*, pied ; *b*, spor noire, cloisonnée ; 2, pied *a* gere mant produisant des filaments alternativement noirs *b* et incolores *c ; d*, partie noire du filament émettant une branche incolore *e* qui produit des spores *s*.

Forme parfaite. — Tulasne (2) a décrit sous le nom d'*Helminthosporium Clavariarum* un état conidial du *Pleospora Clavariarum*, mais cette forme imparfaite doit être rapportée au genre *Scolecotrichum.*

M. Schulzer von Müggenburg (3) pense que l'*Helminthosporium gongrotrichum*, qui se développe toujours en compagnie du *Peziza heterosperma*, est une forme conidienne de cette dernière espèce.

Germination. — Nous avons eu l'occasion d'étudier une espèce qui pousse sur l'Érable ; en germant sur des milieux variés, ce Champignon nous a permis de constater qu'il n'y a pour ainsi dire pas de différence au point de vue de la fonction reproductrice entre le pied et la spore. Ces deux parties peuvent germer aussi bien l'une que l'autre. Les filaments ainsi produits peuvent être complètement incolores ou partiellement colorés en noir ; ils produisent au

(1) *Berliner Mag.*, 1809, III, p. 10.
(2) *Selecta fung. carp.*, II, p. 271.
(3) Mykologisches (*Œsterr. bot. Zeitsch.*, 1878, p. 319).

bout d'un certain temps des spores petites, non cloisonnées et incolores.

Brachysporium Saccardo (1) (spore courte).

Filaments fructifères rigides, cloisonnés, noirs, se développant le plus souvent sur le bois, terminés à leur partie supérieure par une spore noire, ovoïde ou piriforme, à pointe dirigée vers le bas, présentant deux ou plusieurs cloisons parallèles entre elles.

Ce genre a été isolé dans l'ancien genre *Helminthosporium;* il diffère des *Helminthosporium* actuels par ses spores ovoïdes et courtes.

Une trentaine de formes sont rattachées à ce type.

Cercospora Fresénius (2) (spore vermiculaire)

Filaments fertiles non rigides, simples ou ramifiés, noirâtres et portant des spores terminales ou presques terminales. Spores vermiculaires, présentant plusieurs cloisons parallèles entre elles, de couleur noire ou olive, rarement incolores. Champignon parasite sur les feuilles, où il forme des taches.

Fig. 38. — *Brachysporium oboratum.* — a, pied; b, spore.

Plus de deux cents espèces ont été rattachées à ce genre.

Napicladium Thümen (3) (rameaux en forme de navet).

Filaments fertiles courts et restant mous, groupés à la surface des feuilles et se terminant par une spore solitaire.

(1) *Michelia*, II, p. 28.
(2) *Beiträge zur Mykologie*, p. 90.
(3) *Hedwigia*, 1875, p. 3.

Spore grande, oblongue, lisse, arrondie aux deux extrémités, molle, noirâtre.

Observations. — Quelques espèces de ce genre ont donné lieu à des discussions. C'est ainsi que M. de Thümen avait voulu rattacher aux *Napicladium* le *Fusicladium dendriticum*,

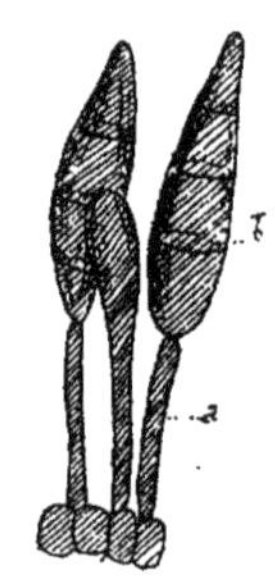

Fig. 39. — *Napicladium Brunaudi.* — *a*, filament fructifère; *b*, spore (d'après Saccardo).

mais, de l'avis de Winter et de Saccardo, c'est bien à ce dernier genre qu'il faut rapporter cette espèce, peut-être sous le nom de variété *Soraueri*. Le *Fusicladium Tremulæ* de Frank est, par contre, un *Napicladium*.

Maladie. — Ce dernier Champignon forme des taches à la face supérieure et à la face inférieure des feuilles du *Populus Tremula*. En semant les spores sur des feuilles intactes, M. Frank (1) est arrivé à inoculer la maladie. Plusieurs générations conidiennes peuvent se succéder pendant l'été, car les variations de l'état hygrométrique déterminent des interruptions dans la formation des organes reproducteurs qui réapparaissent ensuite quand conditions devienennt plus favorables.

Peut-être faudrait-il rapprocher de ce parasite celui qui a été signalé par M. Rostrup sur les Saules et les Peupliers sous le nom de *Fusicladium ramulosum* (2).

Heterosporium Klotzsch (3) (spore hétérogène).

Filaments plus ou moins groupés, mous, ramifiés, se terminant par une spore. Spores allongées, divisées par plusieurs cloisons parallèles, noirâtre ou olivâtres, couvertes de granulations et pouvant être accidentellement en cha-

(1) Ueber einige neue und wenig bekannte Pflanzenkrankheiten.

(2) Recherches sur l'attaque des arbres des forêts par les Champignons parasites (en danois) (*Tidsskrift for Skovburg*, p. 199, Copenhague, 1883).

(3) *Her Mbyc.*, I, n° 69.

pelet. Champignon parasite sur les feuilles ou les tiges.

Neuf espèces sont actuellement connues, *Heterosporium gracile*, *Ornithogali*, etc.

M. Cooke (1), qui a étudié ce genre, il y a quelques années, a remarqué que la définition donnée autrefois par Klotsch pouvait s'étendre à tous les *Helminthosporium* ayant les spores couvertes de granulations.

Camposporium Hartness (2) (spore rappelant une chenille).

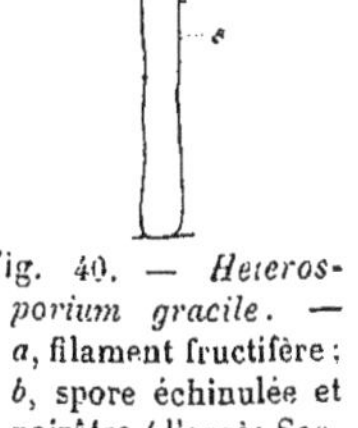

Fig. 40. — *Heterosporium gracile*. — *a*, filament fructifère ; *b*, spore échinulée et noirâtre (d'après Saccardo).

Filaments fertiles flexueux, simples, cloisonnés, bruns, terminés par une ou deux spores. Spore légèrement pédicellée, cylindrique à plusieurs cloisons, brunâtre ou olivacée, présentant au sommet *un à trois cils* gélatineux.

Une seule espèce décrite : *C. antennatum*.

Prismaria Preuss (3) (prisme)

Petites touffes blanches à la surface du bois en putréfaction (*Alnus*). Mycélium ramifié, rampant, non cloisonné. Filament fertile dressé, simple, transparent, granuleux à l'intérieur, à parois minces dans le bas, épaisses vers la partie supérieure, d'où partent un certain nombre de digitations (quatre) blanches. Ces digitations que l'auteur appelle spores sont à peine distinctes du pied.

Deux formes analogues ont été décrites : *P. alba* et *furcata*.

Il est assez difficile de rapporter ces formes à quoi que ce

---

(1) *Grevillea*, 1877, v. p. 122. *On Heterosporium*.

(2) Catalogus of the Pacific coast Fungi (*Californian Academy of science*, 2 février 1880).

(3) Sturm, *Deutschl. Flora*, p. 109, fig. 55 (fascicule 35).

soit de connu. Peut-être faudrait-il considérer ces digitations comme appartenant à une Mucorinée avortée ou du moins à un Champignon à thalle non cloisonné.

Trinacrium Riess (1)
(trois pointes).

Champignon se développant fréquemment sur d'autres (*Stilbospora*, *Sphærulina Boudieri*). Mycélium

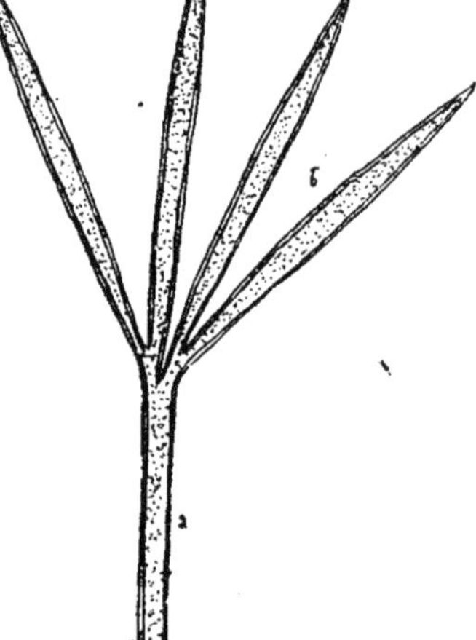

Fig. 41. — *Prismaria alba*. — *a*, digitations regardées comme des spores (d'après Preuss).

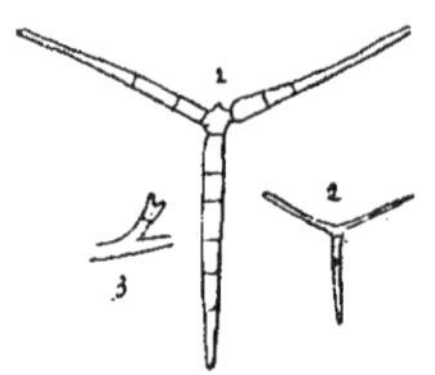

Fig. 42. — *Trinacrium subtile*. — 1, spore adulte; 2, spore jeune; 3, filament fructifère redressé et commençant à produire la spore (d'après Frésénius).

peu développé, blanc, formé de filaments fins, non cloisonnés. Ce mycélium rampant se ramifie; à la base de la ramification une cloison se forme, et le spore naît bientôt à l'extrémité de cette courte branche. Spore à trois branches formée d'une cellule centrale polygonale d'où partent trois rayons terminés en pointes et sudivisés en trois ou six cellules incolores.

Deux espèces sont décrites : *C. subtile* et *torulosum*.

Titæa Saccardo (2) (Tita, botaniste de Padoue
du dix-septième siècle).

Mycélium simple, très fin, continu (parasite sur d'autres

(1) Fresenius, *Beiträge zur Mykol.*, p. 42 (fig. 14-17).
(2) *Syll. fung.*, IV, p. 231.

Champignons), supportant des spores isolées. Spores incolores divisées en cinq cellules se séparant les unes des autres vers leur sommet; ce sommet est arrondi dans une ou

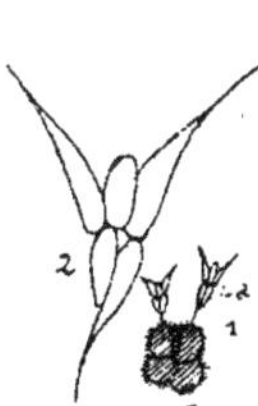

Fig. 43. — *Titæa callispora.* — 1, *a*, plusieurs spores de la plante fixées sur le support *Dimerosporium b; 2*, spore grossie avec ses appendices ciliés (d'après Saccardo).

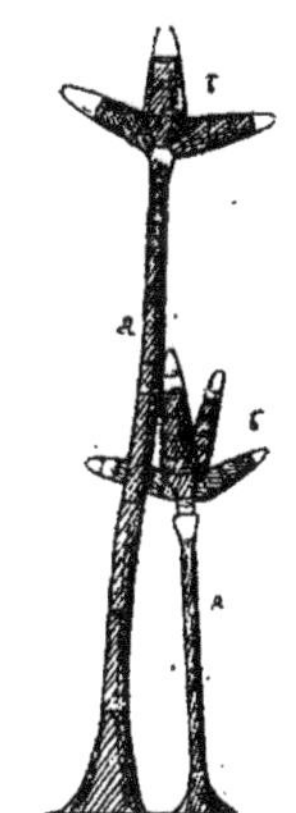

Fig. 44. — *Triposporium elegans.* — *a*, pied; *b*, spore à trois ou quatre branches (d'après Corda).

deux d'entre elles et prolongé en soie dans les trois autres.

Une seule espèce décrite: *T. callispora*, parasite du *Dimerosporium pulchrum* sur les feuilles de *Carpinus Betulus*.

Triposporium Corda (1) (spore à trois pieds).

Filaments stériles rampants, peu développés. Filaments fertiles dressés, noirâtres, rigides, cloisonnés, assez élevés, souvent hyalins dans leur partie terminale qui soutient la spore. Spore solitaire, en étoile à trois branches, brunâtre; chaque branche de l'étoile est subdivisée par un certain nombre de cloisons parallèles entre elles; l'extrémité de chacune de ces branches (peu allongées) est incolore.

Sept espèces ont été décrites : *T. elegans, Sarcinula*, etc.

(1) *Icones fungorum*, I, p. 160.

Papulaspora Preuss (1) (spore en bouton).

Filaments stériles rampants, ramifiés, cloisonnés, incolores, portant de courts rameaux terminés par une masse
arrondie rougeâtre ou incolore formée d'un certain nombre
de cellules. Cette masse peut être considérée comme une
spore composée. Spore présentant plusieurs cellules internes plus foncées et quelques cellules externes formant un revêtement autour des premières.

Développement. — La partie fructifère se développe absolument comme le périthèce de certains Ascomycètes : l'extrémité d'un filament s'enroule en spirale, bourgeonne et donne bientôt la masse sphérique dont il a été question plus haut. On peut donc se demander si l'on a affaire dans ce cas à une spore. Étant donnée la variabilité de structure des spores, il est assez difficile

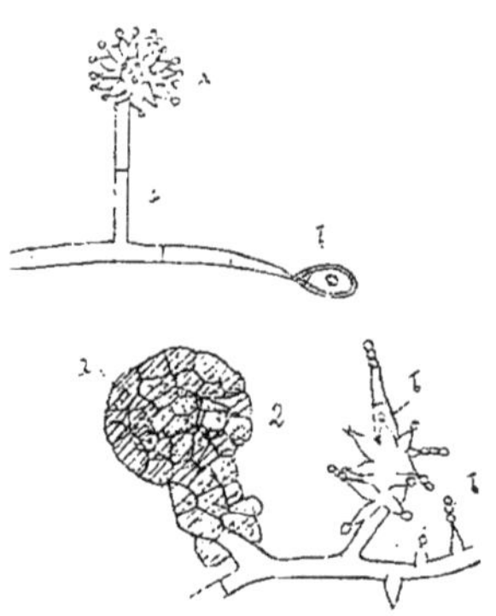

Fig. 45 et 46. — 1, *Papulaspora aspergilliformis. — a*, tête aspergilloïde ;
b, chlamydospores. — 2. *Helicosporangium parasiticum ; a*, forme
papulasporée ; *b*, deuxième forme
conidienne (d'après Eidam).

de les définir et surtout de fixer les limites de cette définition.
Les ascospores peuvent être pluricellulaires, cela résulte bien
nettement de l'étude des Ascomycètes, car il n'y a, dans ce
cas, aucun doute sur la véritable nature des organes reproducteurs. Quand il s'agit de spores externes, on arrive à la
même conséquence en passant par une série de transitions
des spores unicellulaires aux spores pluricellulaires; les
dimensions présentent également de très grandes variations.
La sphère des *Papulaspora* isolée étant susceptible de germer et d'en reproduire d'autres indéfiniment, peut être
considérée comme une spore, mais d'un autre côté on peut

____

(1) Sturm, *Deutschlands Flora*, pl. XLV, 5e partie, p. 89.

trouver toutes les transitions entre les sclérotes et les bulbilles de la plante actuelle. Malgré ces dernières transitions, la rapidité de germination des sphères du *Papulaspora*, la facilité avec laquelle le mycélium en produit de nouvelles en très grand nombre nous conduisent à les regarder comme un appareil différencié de reproduction.

Autres modes de reproduction. — M. Eidam (1) a montré que le *Papulaspora aspergilliformis* présente deux autres appareils reproducteurs, des chlamydospores unicellulaires et une forme conidienne rappelant les *Aspergillus*. Ceci pourrait donc faire penser qu'il existe une certaine relation entre le *P. aspergelliformis* et les Périsporiacées.

Les *Helicosporangium* Karsten sont des *Papulaspora*, car le développement est le même pour les deux genres. M. Eidam a montré que l'*H. parasiticum* était associé à une forme conidienne qui ne rappelle en rien celle du *P. aspergilliformis* (fig. 45, 2, *b*). Cette observation montre que le genre *Papulaspora* doit être rattaché à des formes parfaites probablement très diverses.

Sciniatosporium Reinsch (2) (spore formant un corps).

Mycélium formé de filaments cloisonnés, ramifiés à la surface des feuilles d'*Hypnum*. Filaments dressés cloisonnés et stériles et de même diamètre sur toute la hauteur. Filaments fertiles terminés par une très grosse spore cloisonnée dans toutes les directions et formant un massif cellulaire.

Fig. 47. — *Sciniatosporium Hypnorum*. — *a*, Mycélium ; *b*, filaments dressés ; *d*, spore ; *c*, tissu de feuille d'*Hypnum* (d'après Reinsch).

Une seule espèce, décrite par Reinsch, est restée sans nom ; nous la désignerons sous le nom de *S. Hypnorum*.

(1) Zur Kenntniss der Entwickelungsgeschichte der Ascomyceten (*Cohn's Beiträge zur Biol. der Pflanzen*, t. III, p. 414).

(2) *Contributiones ad algologiam et fungologiam*, 1875. Leipzig, p. 95.

Stemphylium Wallroth (1) (grains de raisin).

Filaments couchés ramifiés, entremêlés, incolores ou noirâtres et terminés par une seule spore. Spore d'abord incolore et divisée en deux cellules, puis pluricellulaire et formée à la maturité d'un massif de cellules noires.

Une vingtaine d'espèces se rattachent à ce genre : *S. macropodium, atrum, verruculosum,* etc.

Fig. 48. — *Stemphylium asperulum.* — *a,* spores adultes; *b.* spore en voie de développement (d'après Saccardo).

Macrosporium Fries (2) (grande spore).

Filaments fructifères réunis en fascicules, mous, dressés, ascendants, le plus souvent simples, quelquefois ramifiés, colorés et portant à leur sommet les spores. Spores oblongues ou claviformes, noirâtres, divisées dans deux directions ayant l'aspect d'un mur.

Plus de quatre-vingts espèces sont rattachées à ce genre ; une des plus répandues, le *M. commune,* se rencontre sur un grand nombre de plantes et se développe principalement sur le Tabac (3).

Mystrosporium Corda (4) (spore en cuiller).

Filaments fertiles simples ou un peu ramifiés, assez courts, cloisonnés, noirs, rigides et terminés par une spore. Spores elliptiques, assez grosses, noires, formées d'un massif cellulaire.

Quatorze espèces sont rattachées à ce genre : *M. Cerasi, dubium,* etc.

(1) *Flora cryptogamica Germaniæ,* p. 300.
(2) *Systema mycologicum,* III, p. 373.
(3) Passerini. Di alcune crittogame osservate sul Tabacco (*Atti della Soc. crittogamol. ital.,* VIII, Milan, 1881, p. 13).
(4) *Icones fungor.,* I, p. 12.

Ovularia Saccardo (1) (conidies en forme d'œufs).

Champignon parasite sur certaines plantes vivantes. Filaments fertiles, simples ou très peu ramifiés, plus ou moins denticulés à leur sommet et portant le plus souvent une spore, quelquefois deux côte à côte, et exceptionnellement un chapelet. Filaments et spores incolores ou fortement colorés.

Une vingtaine d'espèces ont été décrites : *O. decipiens, duplex*, etc.

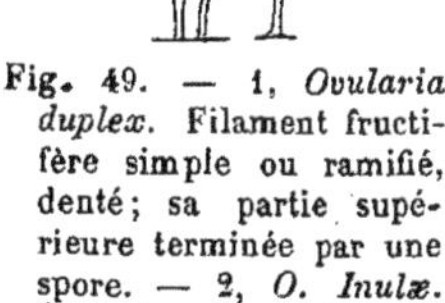

Fig. 49. — 1, *Ovularia duplex*. Filament fructifère simple ou ramifié, denté ; sa partie supérieure terminée par une spore. — 2, *O. Inulæ*. Ébauche d'un chapelet (d'après Saccardo).

Chalara Corda (2) (lâche — se désarticulant aisément).

Filaments stériles nuls ou peu apparents. Filaments fertiles simples, dressés, noirâtres, légèrement renflés en ampoule à leur partie inférieure et supportant un chapelet de spores. Spores incolores, unicellulaires, cylindriques, tronquées aux deux extrémités.

Quinze espèces ont été décrites : *C. Fungorum*, etc.

Remarque. L'aspect de ces végétations indique bien que ce ne sont pas des formes autonomes. Nous avons eu l'occasion de voir germer des pieds noirs d'*Helminthosporium* ; le filament qui en part est absolument semblable

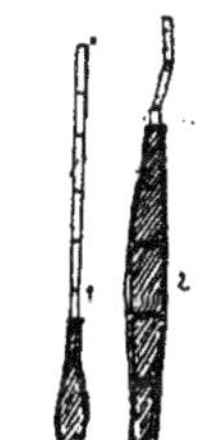

Fig. 50. — 1, *Chalara fungorum*. — a, pied ; b, chapelet de cellules se désarticulant. — 2, *Chalara Montellica*. Mêmes lettres (d'après Saccardo).

à celui qui se dresse du pied noir du *Chalara Montellica* ou *fungorum*, etc. Ce filament, qui s'échappe à la partie supérieure du pied, doit, probablement quand les conditions extérieures deviennent peu favorables, se désarticuler en autant d'éléments qu'il y a de cellules.

(1) *Michelia*, II, p. 17.
(2) *Icones fung.*, II, p. 9.

Psilonia Corda (1) (dénudé).

Catenularia Grove (2) (chapelet).

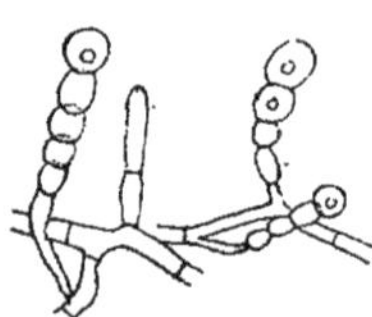

Fig. 51. — *Psilonia atra.* — *a,* filament fructifère; *b,* chapelet de spores; *c,* spores tombées (d'après Saccardo).

Filaments dressés noirâtres, cloisonnés, simples, élevés et terminés à leur partie supérieure par un chapelet de spores. Spores unicellulaires, noirâtres, oblongues ou ovoïdes.

Deux espèces sont actuellement décrites, *P. simplex,* et *atra.*

Xenodochus Schlechtendall (3) (logeant un étranger).

Mycélium incolore, cloisonné, richement ramifié, sur lequel naissent des filaments courts qui développent à leur extrémité un chapelet de spores ovoïdes, brunes. Filaments fructifères d'un vert foncé.

Fig. 52. — *Xenodochus Allii.* — Filament fructifère *a* terminé par un chapelet de spores *b* (d'après Corda).

Maladie. — Deux espèces sont connues, *X. ligniperda* et *Allii.* La première est regardée par Willkomm (4) comme la cause de la pourriture rouge (Rothfäule) (5) qui est observée chez les Conifères. Cette maladie se traduit d'abord par une coloration rouge qui s'étend à l'intérieur du bois et passe, à la fin, du rouge au brun-noirâtre. La partie attaquée se creuse, et il ne reste

(1) *Icones fung.*, IV, p. 27, fig. 84.
(2) Saccardo, *Syll.*, IV, p. 303.
(3) Linn., 1826, I, p. 237.
(4) Vorläufige Mittheilung über Rothfäule der Fichte (*Bot. Untersuchungen aus dem physiolog. Labor. der Landwirths. Lehranstalt in Berlin*).
(5) MM. Bartet et Vuillemin (*Recherches sur le rouge des feuilles du Pin sylvestre et sur le traitement à lui appliquer*) ont signalé une autre affection désignée en Allemagne sous le nom de *Schütte,* qui est due au *Leptostroma Pinastri.*

quelquefois sur une tige que le cylindre ligneux. Le mycélium du parasite envahit les vaisseaux et la moelle (1).

Epochnium Link (2) (sur les Poiriers).

Deux sortes d'appareils reproducteurs réunis ensemble. *Premier appareil* formé de filaments blancs étalés, ramifiés irrégulièrement et portant à leur extrémité une spore incolore, comme chez les *Acremonium*. *Deuxième appareil* formé de filaments simples, dressés, d'un vert noirâtre et portant à leur extrémité un chapelet de spores de même couleur et divisées en deux cellules.

Trois espèces sont connues : *E. monilioides*, *moniliforme* et *virescens*.

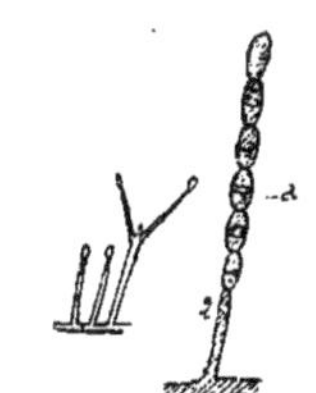

Fig. 53. — *Epochnium monilioides.* — 1, premier mode de reproduction, filaments et spores incolores; 2, deuxième mode; *a*, chapelet de spores noires bicellulaires (d'après Saccardo).

M. Schulzer von Müggenburg a émis l'opinion que l'*Epochnium* est identique aux anciens *Anodotrichum* (3).

Alternaria Nees von Esenbeck (4) (alternance de parties larges et étroites).

Filaments en fascicules, dressés, simples ou peu ramifiés, assez courts, terminés à leur partie supérieure par un chapelet de grosses spores. Spores en forme de bouteille à col étroit et incolore, à base renflée noirâtre, cloisonnée dans plusieurs directions de manière à former un massif de cellules.

Six espèces ont été décrites : *A. tenuis*, etc.

Forme parfaite. — Les études de MM. Gibelli et Griffini (5)

(1) Voir également Hartig, *Die Zersetzungserscheinungen des Holzes der Nadelholzbäume und der Eiche.* Berlin, 1878.
(2) *Obs. myc.*, p. 16.
(3) Mykologisches (*Œster. Zeitschrift*, 1875).
(4) *Syst. d. Pilze*, II, p. 72.
(5) *Sul polimorfismo della Pleospora herbarum.* Pavia, 1875.

sur le *Pleospora herbarum* ont établi que ce Pyrenomycète pouvait donner une forme conidienne analogue à un *Alternaria*. Les mêmes faits ont été observés par M. Bauke(1) d'une manière plus précise ; les sporeś en chapelets avec une partie claire étroite et une partie élargie noirâtre sont absolument

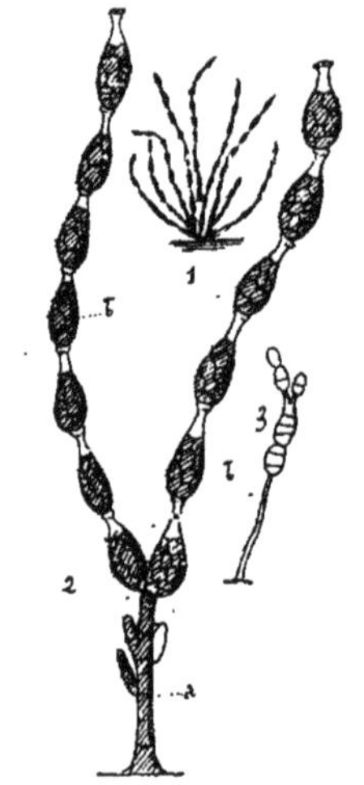

Fig. 54. — *Alternaria termis.*
— 1, port général de la plante ;
2, filament fructifère grossi *a ;*
b, spores en chapelet ; 3, début
de la formation des spores
(d'après Corda et de Bary).

ment reconnaissables. Les deux auteurs italiens avaient cru pouvoir admettre l'existence de deux *Pleospora* confondus autrefois dans une seule espèce ; la première donnant comme forme conidienne un *Alternaria ;* la seconde un *Sarcinella ;* M. Bauke pense avoir établi que les mêmes spores d'un périthèce peuvent donner des pycnides et un *Alternaria* ou des périthèces et la forme *Sarcinella*. Les conclusions de Kohl paraissent confirmer plutôt la première manière de voir (2).

Formation des spores.—De Bary(3) a décrit le mode de formation des spores. Soit à l'extrémité d'une spore, soit latéralement, on voit naître un bourgeon qui se différencie en un pédicelle et une partie terminale arrondie ; d'abord unicellulaire, la spore se divise bientôt plusieurs fois par une série de cloisons parallèles entre elles. C'est beaucoup plus tard que les cloisons longitudinales ou obliques apparaissent.

D'après Kohl, quand on fait germer la forme conidienne,

(1) *Zur Entwickelungsgeschichte d. Ascomyceten. Bot. Zeit.*, 1877, p. 313. *Beitrag zur Kenntniss d. Pycniden. N. act. Leop.*, vol. XXXVIII, 1876.

(2) Ueber den Polymorphismus von Pleospora herbarum (*Bot. Centralblatt*, 1883, t. XVI, p. 26), la forme *Alternaria* est parfaitement reconnaissable dans la figure donnée par Tulasne.

(3) *Morph. und Phys. der Pilze*, p. 71.

on n'obtient que l'*Alternaria*. C'est d'ailleurs un résultat
très fréquemment observé que la culture d'une forme, d'un
état conidien ne donne indéfiniment que cet état. D'une manière générale, on peut présumer qu'une forme déterminée se
produit dans des conditions déterminées. Si le milieu change,
s'il y a étouffement, si le milieu devient acide ou basique, etc.,
on peut voir apparaître un autre organe reproducteur.

CINQUIÈME GROUPE (1).

Haplotrichum Link (2) (filament simple).

Mycélium rampant, cloisonné, ramifié. Filaments fertiles dressés, cloisonnés, simples, *non* renflés en vésicule à leur partie supérieure, incolores ou légèrement colorés. Spores disposées en tête à la partie supérieure du pied, incolores ou faiblement colorées, non pédicellées et non disposées en chapelet.

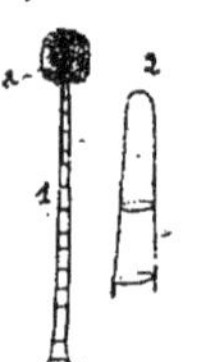

Fig. 55. — *Haplotrichum capitatum.* — 1, pied fructifère cloisonné portant à sa partie supérieure un capitule de spores ; 2, partie supérieure du pied montrant que l'extrémité n'est pas renflée (d'après Corda).

La définition du genre *Haplotrichum* telle que nous venons de la donner ne correspond pas à celle qui est indiquée par différents auteurs, par Harz (3), de Bary (4), etc. Ce genre possède, d'après ces botanistes, un pied renflé en sphère à sa partie supérieure ; c'est la diagnose du genre *Œdocephalum*, et c'est à ce genre qu'il faut rapporter les espèces correspondantes.

Six formes sont actuellement décrites comme se rattachant au genre précédent : *H. capitatum*, etc.

(1) Voir p. 12.
(2) *Species Hyph. et Gymn.*, I, p. 52.
(3) Einige neue Hyphomyceten (*Bull. de la Soc. des natural. de Moscou*, 2ᵉ série, 1871, p. 89.
(4) *Morph. und Phys. der Pilze*, p. 50.

Cephalosporium Corda (1) (spores en tête).

Filaments stériles couchés, ramifiés, émettant de courts rameaux droits, simples, non renflés au sommet où les spores se trouvent agrégées en capitule arrondi. Spores sessiles, globuleuses ou ovoïdes, incolores ou faiblement colorées comme les filaments, légèrement pointues du côté où elles s'attachent.

Le pédicelle sporifère est en général mince et délicat, non cloisonné, rarement ramifié une fois ; son extrémité est très légèrement renflée. Quelques espèces paraissent se développer en parasites sur d'autres Champignons (Mucorinées, Polypore, Alternaria). Ils diffèrent des *Haplotrichum* par leurs faibles dimensions et par la présence d'un capitule très homogène.

Fig. 56. — *Cephalosporium Acremonium*. — 1, port général de la plante ; *a*, rameau fructifère simple ; *b*, rameau fructifère ramifié ; 2, tige fructifère grossie ; *a*, capitule de spores ; 3, spores grossies (d'après Corda).

Forme parfaite. — Une seule observation due à Œrsted (2) tendrait à éloigner ces formes imparfaites des Ascomycètes : en effet, d'après cet auteur, il naîtrait un *Cephalosporium* de l'*Agaricus variabilis*.

Zygodesmus Corda (3) (nœuds de copulation sur le mycélium).

Filaments rampants, ramifiés, dont les cellules d'une même file s'anastomosent entre elles à l'aide d'une sorte de bec latéral, le plus souvent d'un seul côté. Filaments fructifères dressés, courts, terminés par une ou quatre spores fixées par des sortes de stérigmates surmontant une baside.

(1) *Icones fung.*, III, p. 11.
(2) Oversigt d. Verhandl. d. k. Dausch Gesell. d. Wiss., janv. 1865. Voir de Bary (*Morph. und Phys. der Pilze*, p. 359).
(3) *Icones fungorum*, I, p. 11.

Une vingtaine d'espèces ont été décrites : *Z. fuscus levisporus*, etc.

Affinités. — Le *Zygodesmus fuscus* représenté par Corda peut être surmonté par une spore échinulée, quelquefois par plusieurs. Saccardo fait remarquer que l'apparition de ce dernier caractère chez les *Zygodesmus* les relie aux *Hypochnus* et par cela même aux Basidiomycètes. Nous avons eu l'occasion d'observer une espèce qui se rattache à ce dernier genre et qui possédait bien nettement des basides. Ce Champignon s'était développé dans un cristallisoir, à la surface d'une feuille de Houx dans le laboratoire. Il formait une toile aranéiforme blanche, d'une très grande ténuité ; sur ces filaments, nous avons observé les basides bien caractérisées. Il y a donc un passage bien manifeste dans ce cas des Basidiomycètes ordinaires aux Champignons filamenteux. Nous désignerons cette dernière espèce sous le nom d'*Hypochnus Ilicis*.

Fig. 57. — *Zygodesmus fuscus*. — *a*, pied sporifère surmonté par quatre spores; *b*, pied surmonté par une spore ; *c*, anastomose (d'après Corda).

Acrotheca Fuckel (1) (thèque terminale).

Filaments stériles rampants, en général peu développés. Filaments fertiles, dressés, verdâtres ou noirâtres, simples, cloisonnès, terminés à leur partie supérieure par un capitule de spores peu nombreuses. Spores non cloisonnées, fusiformes, cylindriques ou un peu courbées, noirâtres ou incolores.

Six espèces se rattachent à ce genre, *A. Gei, caulium*, etc. L'*A. multispora* a été rangé à tort par Saccardo dans ce genre, car, ainsi qu'on peut s'en assurer en consultant la figure donnée par Preuss qui a créé cette espèce, les spores incolores se cloisonnent plusieurs fois (2); c'est donc un *Acrothecium*.

(1) *Symbolæ mycologicæ*, p. 380.
(2) Sturm, *Deutschl. Fl.* Heft 30, taf. 43.

Forme parfaite. — D'après Fuckel, l'*Acrotheca Gei* serait l'état conidial d'un Ascomycète encore inconnu qui se rencontre dans la nature fréquemment à l'état de pycnide, et

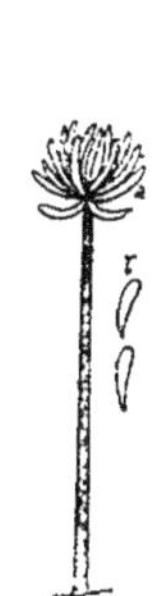

Fig. 58. — *Acrotheca leucopus.* — *a*, tète sporifère; *b*, spore isolée (d'après Bonorden).

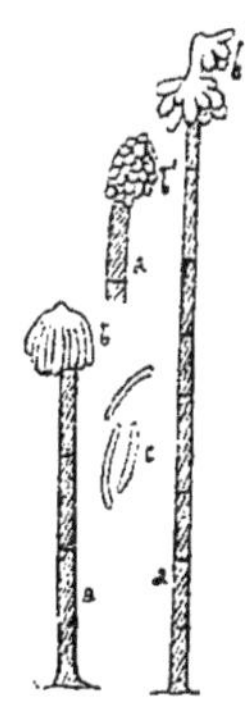

Fig. 58'. — *Acrotheca virens.* — *a*, pédicelle fructifère; *b*, *b' b''*, divers aspects de la tète sporifère; *c*, spores isolées (d'après Tulasne).

qui a été nommé *Depazea Geicola* par Fries. Tulasne a décrit sous le nom de *Dematium virens* un *Acrotheca* qui est, d'après ses observations, la forme conidienne du *Chætosphæria innumera* (**1**).

Cephalothecium Corda (2) (thèques disposées en tête).

Filaments stériles rampants, cloisonnés, ramifiés. Filaments fertiles dressés, simples, cloisonnés, incolores sous le microscope, terminés à la partie supérieure par une sorte de capitule de spores assez grandes. Spores piriformes, à pointe dirigée vers le bas, incolores ou faiblement colorées, présentant une cloison transversale.

Trois espèces de ce genre sont actuellement décrites, *C. roseum, flavum* et *candidum.*

(1) *Select. carp.*, II, p. 253. Cette forme, d'après les observations de Tulasne, serait associée à d'autres formes conidiennes qui devraient être rattachées, d'après Saccardo (*Syll.*, II, p. 95), aux *Periconia* et aux *Dendryphium*. Ce fait peut être relevé avec un point de doute.

(2) *Icones fungorum*, II, p. 14.

Faux capitule. — Ce genre, sur lequel on ne sait encore que très peu de chose (1), a été cependant déjà l'objet de nombreuses recherches. Hoffmann (2) a décrit sous le nom de *Trichothecium roseum* une plante qui est évidemment le *Cephalothecium*, puisque les spores sont groupées à l'extrémité du pédicelle fructifère; d'après les observations de ce botaniste que nous avons eu l'occasion de vérifier, ce n'est pas un véritable capitule que présente cette plante, mais une grappe extrèmement condensée. On peut voir, à un moment donné, bourgeonner à la partie inférieure de la spore terminale (souvent rejetée de côté) une autre spore, puis à la base de celle-là une troisième, etc.

Autres formes reproductrices. — Dans ce même travail, Hoffmann prétend avoir vu naître de l'espèce précédente une forme conidienne qui se rattacherait aux types des *Acrostalagmus* et qui serait vraisemblablement l'*A. cinnabarinus* ou *Verticillium ruberrimum*. Bail (3), dans un travail ultérieur, est revenu sur cette question et a confirmé les observations précédentes. Depuis cette époque, divers auteurs se sont occupés de cette plante (4), mais la démonstration du polymorphisme des formes conidiennes du *Cephalothecium* n'a pas été confirmée.

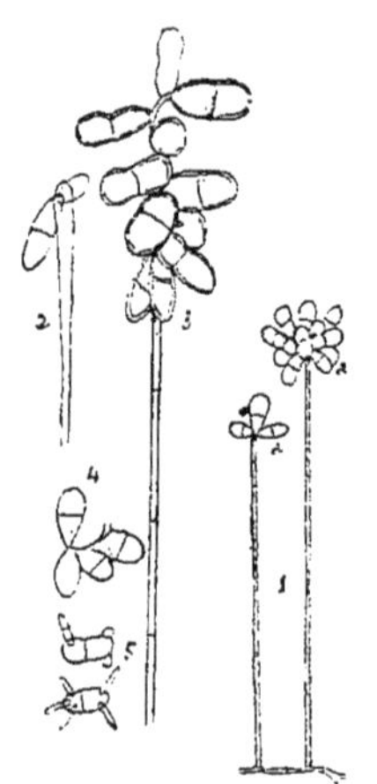

Fig. 50. — *Cephalothecium roseum.* — 1, port de la plante ; *a*, capitule de spores ; 2, début de la formation de la tête sporifère ; 3, 4, disposition des spores en courte grappe ; 5, germination de la spore.

---

(1) De Bary, *Morph. und Phys.*, p. 273.
(2) Spermatien bei einen Fadenpilze (*Botanische Zeitung*, 1854, p. 249).
(3) Mykologische Berichte (*Botanische Zeitung*, 1852, p. 673). Trichothecium roseum et Verticillium ruberrimum.
(4) Harz, *Ueber Trichothecium roseum Link* (?) *und dessen Formen.* Wien, 1871. Je n'ai malheureusement pas eu cet ouvrage entre les mains.

M. Lœw (1) s'est occupé de la question précédente et est arrivé à cette conclusion que l'*Acrostlagmus* est indépendant du genre actuel; il vit en parasite sur le *Cephalothecium*, et ce mode de vie explique la fréquente association de ces deux formes. Le même auteur a également combattu une autre hypothèse d'après laquelle le *Cephalosporium roseum* et l'*Arthrobotrys oligospora* seraient deux stades du développement d'un même Champignon. Cette opinion de Karsten (2) avait déjà été attaquée par de Bary et Woronin (3) qui ont montré que l'*Arthrobotrys* jouit de la propriété de former des pelotons de spores, caractère que l'on n'observe jamais chez le *Cephalothecium*.

Cordana Preuss (4) (dédié à Corda).

Filaments stériles rampants, peu visible sou altérés. Filaments fertiles simples, dressés, noirs, terminés à la partie supérieure par un capitule de spores. Spores bicellulaires, noires.

Une seule espèce est connue, le *C. pauciseptata*, qui se développe sur le bois d'Erable en compagnie du *Lasiosphæria hirsuta*.

Acrothecium Preuss (5) (thèques terminales).

Filaments stériles rampants, peu développés. Filaments fertiles dressés, noirs, simples jusqu'au sommet, portant des spores en capitule. Spores un peu allongées, arrondies ou fusiformes, présentant deux ou plusieurs cloisons parallèles entre elles, incolores ou noirâtres.

Douze espèces sont actuellement connues : *A. bulbosum, tenebrosum*, etc.

(1) Ueber zwei kritische Hyphomyceten (*Programm der kgl. Realschule zu Berlin*, 1874).

(2) Münter, *Ueber Fichten Nadelrost. Botan. Unters. herausgegeben von Karsten.*

(3) Arthrobotrys oligospora (*Beitr. zur Morph.*, 3e série, p. 30) et de Bary, *Bot. Zeit.*, 1867, p. 76.

(4) *Uebers. unters. Pilze Hoyerswerda*, n. 100.

(5) *Idem.*

Dactylosporium Harz (1) (spores en forme de doigts).

Filaments fructifères simples, cloisonnés, dressés, noirâtres, terminés à leur partie supérieure par un capitule de

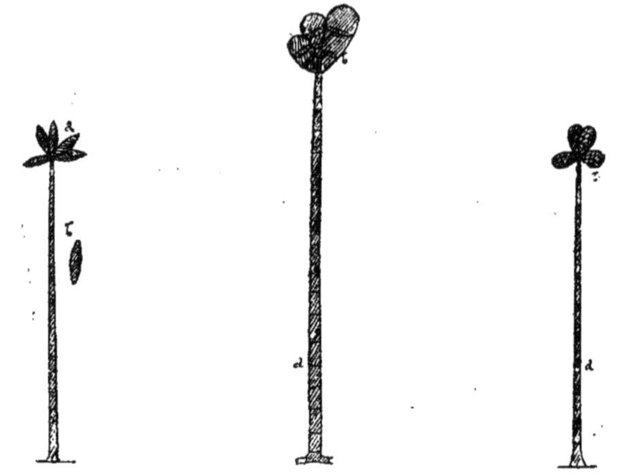

Fig. 60. — *Cordana pauci-septata.* — Pied surmonté par un capitule de spores *a* bicellulaires noires; *b*, spore isolée (d'après Saccardo).

Fig. 61. — *Acrothecium obovatum.* — *a*, pied surmonté d'un capitule de spores *b* (d'après Saccardo).

Fig. 62. — *Dactylosporium macropus.* — Capitule de spores mûriformes (d'après Corda).

spores. Spores ovales, noirâtres, cloisonnées dans deux directions de façon à former un massif cellulaire.

Deux espèces sont connues : *D. macropus* et *coronatum.*

Fuckelina Saccardo (2) (dédiée à Fuckel).

Filaments fructifères simples, dressés, noirâtres, cloisonnés, portant au sommet des basides oblongues, rayonnantes, terminées à leur partie supérieure par spores ovoïdes, unicellulaires, incolores.

Deux espèces sont connues : *F. microspora* et *F. socia.*

(1) *Einige neue Hyph.,* p. 44.
(2) *Fungi veneti,* II, p. 326.

Stachybotrys Corda (1) (grappe d'épis).

Filaments mycéliens rampants, noirâtres, rameux, présentant çà et là des cloisons. Sur ces filaments se dressent des rameaux fertiles naissant souvent alternativement sur des côtés différents du filament rampant; ces branches sont simples, cloisonnées, elles se terminent à leur partie supérieure par un capitule de basides unicellullaires oblongues ou en massue qui portent chacune une spore noire, ordinairement unicellulaire (mais présentant, dans quelques espèces, deux cloisons parallèles).

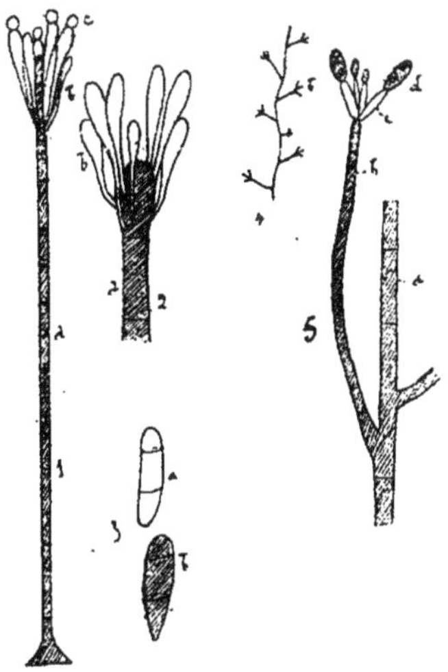

Huit espèces ont été décrites : *S. alternans, lobulata,* etc.

Il y aurait peut-être à subdiviser ce genre en deux groupes et même deux genres : *Stachybotrys*, à spores simples et *Phragmostachys*, à spores cloisonnées.

Fig. 63 et 64. — 4. *Stachybotrys alternans.* — *a*, aspect général de la plante ; *b*, filament sur lequel se dressent les pédicelles fructifères ; 5, *b*, pied fructifère grossi ; *c*, basides ; *d*, spores. — *Phragmostachys atra.* — 1, *a*, pied ; *b*, basides ; *c*, spores ; 2, tête fructifère ; 3, spores grossies incolores ou noires et fragmentées (d'après Saccardo).

Phragmostachys Cost.

Caractères des Stachybotrys avec spores noires à plusieurs cloisons parallèles entre elles. Espèces : *P. atra,* etc.

Acladium Link (2) (sans rameaux).

Filaments stériles rampants. Filaments fertiles non divisés, dressés, terminés à leur partie supérieure par une

(1) *Anleitung*, p. 57.
(2) *Observ.*, I, p. 9.

7

partie fructifère sur laquelle les spores sont insérées latéralement sans spore terminale. Spores sessiles, non cloisonnées, incolores ou faiblement colo-
rées comme les filaments, globuleuses
ou sphériques.

Sept espèces sont actuellement connues : *A. conspersum, niveum,* etc.

Cylindrotrichum Bonorden (1)
(filament cylindrique).

Filaments stériles rampants. Filaments fertiles incolores ou faiblement
colorés, dressés, simples ou peu ramifiés et portant latéralement les spores vers leur partie supérieure, mais
sans spore terminale. Spore cylindrique, incolore.

Fig. 65. — *Acladium pal-
lidum.* — Filament fruc-
tifère ; *a,* spores (d'après
Harz).

Quatre espèces, décrites par Bonor-
den, sont actuellement connues : *C. album, oligospermum,
repens* et *inflatum.*

Chloridium Link (2) (verdissant).

Filaments fructifères simples,
dressés, cloisonnés ou sans cloison
(portant quelquefois de courts rameaux), noirâtres et portant à leur
partie supérieure les spores insérées
latéralement et sessiles. Spores globuleuses ou oblongues, incolores ou
légèrement noirâtres.

Fig. 66.— *Chloridium atrum.*
— *a,* filament fructifère ;
spore (d'après Corda).

Dix-sept espèces décrites : *C. minutum, brunneum,* etc.

(1) *Handbuch der allg. Mykol.,* p. 88.
(2) *Id.,* I, p. 11.

Rhinotrichum Corda (1) (filaments à denticulations comparées à un appendice nasal).

Champignon saprophyte. Filaments stériles rampants. Filaments fertiles dressés, cloisonnés, simples, présentant à la partie supérieure des denticulations sur lesquelles s'insèrent les spores incolores ou faiblement colorées.

Trente espèces connues : *Rh. repens, macrosporium.*

Il y a dans ce genre des espèces blanches, rosées, jaunâtres ; le pied est quelquefois brunâtre, mais les spores sont toujours faiblement colorées.

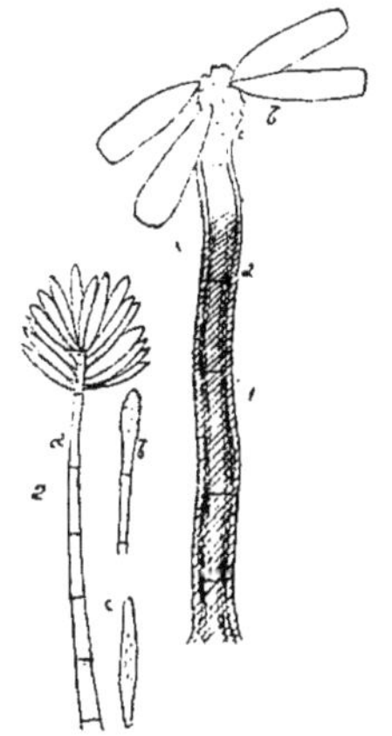

Fig. 67-68. — *Rhinotrichum.* — 1, *R. repens.* — Pied *a* surmonté par une tête sporifère *b* (d'après Preuss). — 2. *R. chrysospermum.* — *a*, pied complet ; *b*, tête sporifère ; *c*, spores d'après Saccardo).

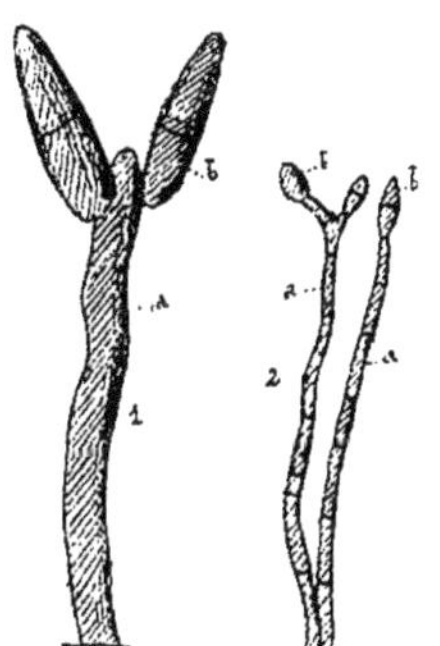

Fig. 69. — *Scolecotrichum.* — 1, *S. graminis* ; *a*, pied fructifère ; *b*, spores. — 2. *S. tomentosum* (d'après Saccardo et Bonorden).

Scolecotrichum Kunze (2) (filament vermiforme).

Filaments courts, groupés, souvent en faisceaux olivâtres, simples, portant les spores vers l'extrémité à la pointe et sur les côtés. Spores brunâtres bicellulaires.

(1) *Icones fungorum*, I, p. 17.
(2) *Mycolog.*, Heft, I. p. 10.

Douze espèces sont connues : *S. Fraxini*, etc.

Forme parfaite. — Tulasne a signalé l'*Helminthosporium Clavariarum* qui est le *Scolecotrichum Clavariarum* comme la forme conidienne du *Pleospora Clavariarum* (1)

Pleurophragmium Genre nouveau (Spores cloisonnées s'insérant latéralement).

Filaments fructifères brunâtres dressés, portant à la partie supérieure un épi de spores allongé. spores incolores

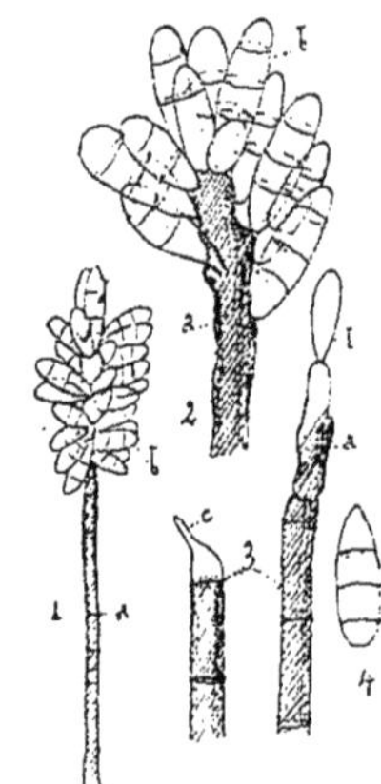

Fig. 70. — *Pleurophrag-mium bicolor.* — 1, aspect général de la plante ; *a*, pied ; *b*, spore : 2, extrémité sporifère grossie ; 3, partie terminale dénudée ; 4, spore.

ou légèrement colorées en brun quand elles apparaissent en grandes masses, présentant plusieurs cloisons parallèles entre elles ; arrondies du côté libre et légèrement rétrécies du côté du point d'attache.

Une espèce connue : *P. bicolor* Costantin.

Observations. — La spore de l'espèce précédente présente trois cloisons le plus souvent. Ses dimensions moyennes sont 16 µ sur 4 µ. La largeur du filament et de 4 µ. La partie supérieure de la tige fructifère présente souvent une cellule différenciée qui n'est pas exactement dans le prolongement du pied ; cette cellule présente des dents ou des ondulations sur lesquelles les spores s'insèrent. Dans quelques cas, on voit naître en haut du pied un appendice étroit qui représente peut-être l'ébauche des spores (fig. 70, 3, *c*).

Doratomyces Corda (2) (Champignon en forme de lance).

Filaments stériles rampants, peu développés. Filaments

(1) *Selecta Carp. Fung.*, II, p. 271.
(2) *Icones fungorum*, I, p. 19.

fertiles dressés, filiformes, simples, cloisonnés, incolores ou très faiblement colorés, portant à leur partie supérieure un nombre considérable de spores en capitule allongé. Spores serrées les unes contre les autres, tombant facilement et jamais en chapelet, incolores, ovoïdes.

Trois espèces connues : *D. tenuis, viridis, Sambuci.*

Cylindrocephalum Bonorden (1) (tête cylindrique).

Filaments stériles rampants. Filaments fertiles simples, dressés, cloisonnés, terminés à leur partie supérieure par une tête allongée, couverte de spores. Spores cylindriques, un peu arrondies au sommet, incolores ou d'une autre couleur que noir ou vert olive foncé.

Trois espèces sont décrites : *C. aureum, hyalinum* et *stellatum.*

Helicomyces Link (2) (Champignon en hélice).

Filaments courts, cloisonnés, incolores, portant latéralement les spores spiralées. Spores cylindriques en spirale d'Archimède, incolores ou faiblement colorées, présentant un certain nombre de cloisons.

Espèces principales, *H. roseus, mirabilis,* etc. (3).

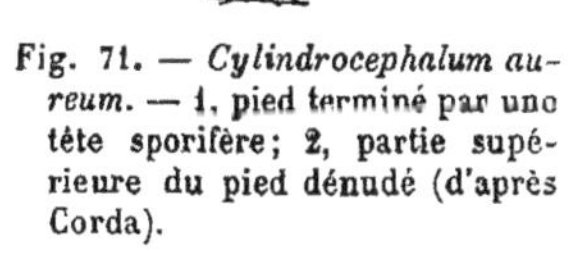

Fig. 71. — *Cylindrocephalum aureum.* — 1, pied terminé par une tête sporifère; 2, partie supérieure du pied dénudé (d'après Corda).

(1) *Handb. f. all. Myk.*, p. 103.
(2) *Obs. myc.*, I, p. 19.
(3) Forme conidienne de *Cyathus, Nidularia* (?).

Helicosporium Nees von Esenbeck (1) (spore en hélice).

Filaments élevés, noirâtres ou olivâtres, portant latéralement les spores spiralées. Spores en spirale d'Archimède,
enroulées dans un plan, à plusieurs cloisons, incolores ou
colorées.

Une vingtaine d'espèces ont
été rattachées à ce genre : *H.
viride*, etc.

Goniosporium Link (2)
(spore anguleuse).

Filaments fructifères inco-

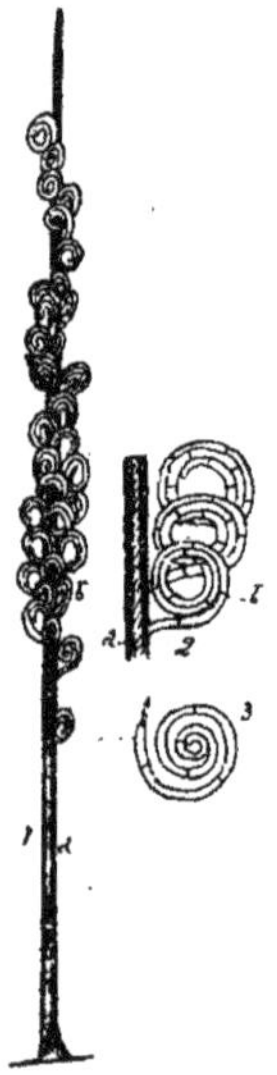

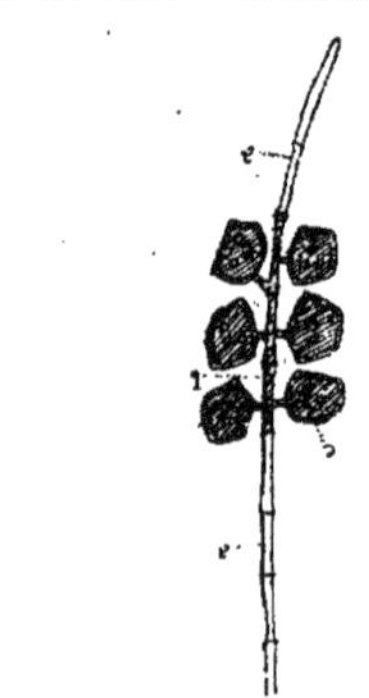

Fig. 72. — *Helicosporium aureum.*
— 1, aspect général ; *a*, pied ; *b*,
spores ; 2, partie sporifère grossie ;
3, spore grossie (d'après Corda).

Fig. 73. — *Goniosporium puccinioides.* —
a, partie infertile ; *b*, partie sporifère brunâtre ; *c*, spore (d'après Corda).

lores, simples, dressés, articulés, renflés très légèrement aux
nœuds qui portent les spores opposées ou verticillées ;
les filaments sont groupés en masses qui paraissent
noires à cause de la coloration des spores. Spores noires,
anguleuses, fixées sur l'axe par un pédicelle très court.

(1) *Das System der Pilze.* Bonn, 1837-1858, p. 68.
(2) *Spec. Plant., Fungi*, I, p. 44.

Ce genre se distingue des *Arthrinium* par la forme des spores et par l'absence fréquente de ces organes sur la partie terminale des filaments qui est stérile.

Deux espèces connues : *G. puccinioides* et *sphærospermum*.

Coccosporium Corda (1) (spore en forme de graine).

Filaments dressés rigides, simples, articulés, olivâtres et portant latéralement les spores. Spores noires, sessiles, sphériques, présentant un grand nombre de cellules disposées en massif.

Fig. 74. — *Coccosporium maculiforme ; a*, spore : *b*, filaments fructifères (d'après Corda).

Deux espèces sont décrites : *C. maculiforme* et *Unedonis*.

Ces Champignons forment une sorte de gazon noir à la surface du bois pourrissant.

Briarea Corda (2) (bras vigoureux).

Mycélium rampant. Filament fertile incolore, simple, droit, ne portant à sa partie supérieure ni stérigmate ni renflement, mais directement de nombreux chapelets de spores globuleuses ou ovoïdes, incolores.

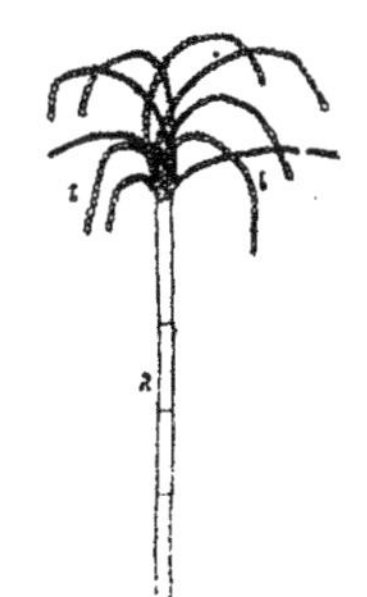

Fig. 75. — *Briarea elegans* — *a*, pied fructifère ; *b*, chapelets sporifères (d'après Corda).

Ce genre diffère du genre *Penicillum* par l'absence de rameaux courts à la partie supérieure du pied. Deux espèces de ce genre sont connues : le *B. elegans* et *orbicula*.

(1) Sturm, *Deutschlands Flora*, III, p. 49, pl. XXV.
(2) Sturm, *Deutschlands Flora*, II, p. 11.

Hormiactis Preuss (1) (chapelets en rayons).

Filaments stériles rampants. Filaments fertiles dressés, incolores, cloisonnés et portant à leur partie supérieure des

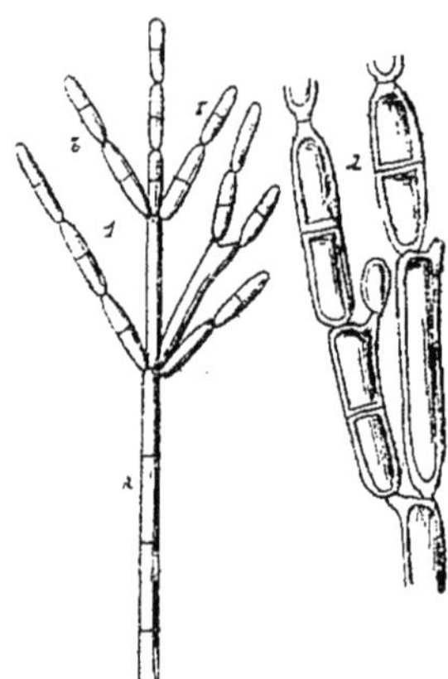

Fig. 76. — *Hormiactis alba.* — 1. aspect général de la plante; a, pied; b, chapelets terminaux ou latéraux ; 2, partie fructifère grossie (d'après Preuss).

chapelets de spores insérés soit à l'extrémité soit sur les côtés du pied. Spores incolores et bicellullaires.

Deux espèces sont connues : *H. alba* et *fimicola.*

(1) Uebers. d. Pilze. Hoyerswerda (*Linnaea*, 1851, p. 128).

SIXIÈME GROUPE (1).

Periconia Bonorden (2) (poussière périphérique).

Mycélium rampant, peu développé. Filaments fructifères dressés, simples, cloisonnés, noirâtres, présentant à leur sommet une masse de spores agglomérées de façon à simuler une tête. Les spores bourgeonnent irrégulièrement les unes sur les autres sans qu'on puisse dire qu'elles constituent de véritables chapelets formés de filés de spores. Ces spores bourgeonnantes noires s'insèrent soit directement à l'extrémité non épaissie du pied, soit sur de très courts rameaux que l'on observe en petit nombre uniquement à la partie supérieure du filament fructifère.

Les espèces de ce genre se développent uniquement sur les parties mortes ; elles sont saprophytes.

Parmi les espèces de ce genre, il faut citer : *P. pycnospora*, *P. capitata*, etc.

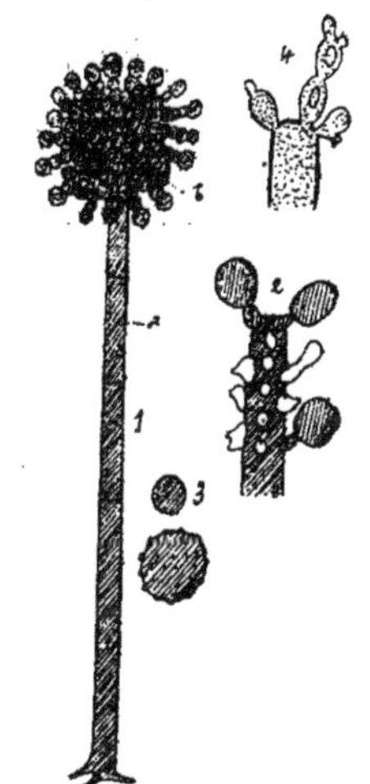

Fig. 77 et 78. — *Periconia pycnospora*. — 1, port de la plante ; *a*, pied simple ; *b*, tête sporifère ; 2, partie supérieure du pied indiquant le mode d'attache des spores ; 3, spores isolées ; les dernières spores d'une file sont échinulées (d'après Saccardo). — *Periconia capitata*. — 4, mode de bourgeonnement des spores à l'extrémité du pied (d'après Riess).

(1) Voir p. 14.
(2) *Handb.*, p. 112.

Periconiella Saccardo (1) (genre voisin des *Periconia*).

Ce genre est composé d'une espèce de *Periconia* parasite sur les plantes vivantes.

Une seule espèce a été décrite jusqu'ici par Winter (2), le *Periconiella velutina*.

Trichocephalum (dénomination nouvelle) (tête portant des poils).

Filaments fertiles dressés, noirâtres, cloisonnés, simples, surmontés d'une agglomération de spores formant une tête. Le pied, simple jusqu'à la hauteur de la masse sporifère, présente en ce point un capitule de courts rameaux souvent ramifiés et terminés en pointe. Spores noirâtres.

Observation. Ce genre, qui ne diffère du genre *Periconia* que par la présence de rameaux pointus à l'extrémité du pied, a été créé par Berkeley (3) avec la désignation de *Cephalotrichum*, nom qui ne peut être conservé, car il a été employé déjà par Corda pour désigner une Mucédinée agrégée. Nous avons changé ce nom. Une seule espèce est connue, le *T. curtum.*

Amblyosporium Frésénius (4) (spore obtuse).

Filaments stériles rampants. Filaments fertiles simples, incolores, cloisonnés, à protoplasma disposé en réseau, portant à la partie supérieure un certain nombre de rameaux qui peuvent se ramifier eux-mêmes un certain nombre de fois ; ces rameaux présentent à leur extrémité un grand nombre de bourgeons qui se transforment ultérieurement en chapelet de spores. Le bourgeonnement et la transforma-

(1) *Miscell. mycol.*, II, p. 17.
(2) Winter, *Hedwigia*, 1884, p. 174.
(3) *Annals of natur. History*, n° 222, t. XII, f. 13.
(4) *Beitrag.*, p. 99, pl. XII, fig. 121.

tion en spores s'opèrent sur tout le rameau, de sorte qu'à
l'état de maturité le champignon apparaît comme composé
d'un pied surmonté d'une tête sphérique formée uniquement
de spores qui se désagrègent et tombent en laissant le pied à
nu avec quelques traces
de courtes branches.

Quatre espèces sont
peut-être à distinguer
dans ce genre : *A. Bo-
trytis, umbellatum bicol-
lum* et *albo-luteum* (1).

Forme parfaite. —
D'après les recherches
de M. Fayod, le *Monilia
albo-lutea* de Secrétan
serait la forme coni-
dienne d'une Pézize qui
était restée indétermi-
née jusqu'ici car l'auteur
n'avait pu observer la
maturité des asques et
lui avait donné provi-
soirement le nom de *Pe-
ziza mycetophila* (2).

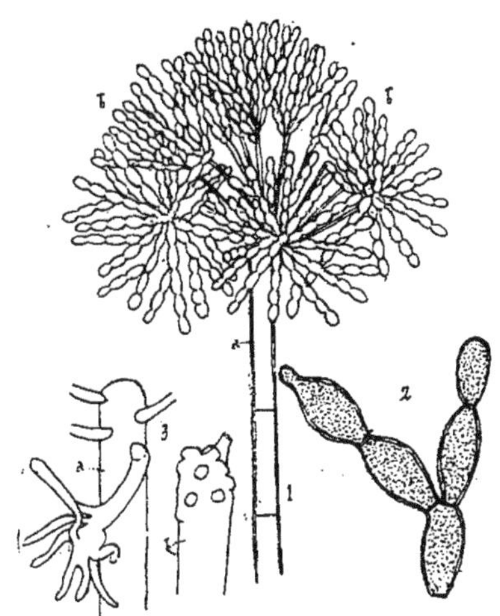

Fig. 79 et 80. — *Amblyosporium umbellatum.* —
1, port de la plante; *a*, pied; *b*, tête sporifère;
2, chapelet de spores grossi. — 3, *A. albo-
luteum.* — *a*, tête sporifère ayant perdu ses
spores; *b*, tête entièrement dénudée.

Cette forme conidienne n'est pas un *Monilia* mais bien un
Amblyosporium, elle se développe à la surface des Lactaires,
en particulier sur le *Lactarius volemus*, où nous avons eu l'occasion de l'observer, et y forme de petites arborisations d'un
beau jaune. Cette première forme reproductrice donne bientôt
naissance à des sclérotes. Ces sclérotes, placés sur du terreau
ou dans l'argile, ont été conservés pendant une année par
l'auteur. Au bout de ce temps, retirés de ce milieu où les
insectes commençaient à les manger, ils furent placés dans
du sable humide; ils se comportèrent alors de différentes fa-

(1) Costantin, *Bull. de la Soc. bot.*, 1887, p. 31.
(2) M. Vuillemin a observé cette Pézize à l'état adulte (*Études biolog.*,
p. 90.

çons, les uns reproduisirent la Mucédinée, un seul se transforma en une Pezize qui ne put être menée jusqu'à maturité.

L'étude actuelle est très instructive; elle montre d'abord la nécessité de bien définir les Mucédinées et autrement que par leur forme parfaite souvent hypothétique. Ainsi, la plante actuelle a été observée par Tulasne (1), qui en a fait un *Hypomyces* en appliquant, cette fois à tort, le principe d'induction qui lui a été si utile dans d'autres cas ; cet *Hypomyces tuberosus*, qui produit un sclérote, est incontestablement identique à la plante de M. Fayod, si l'interprétation de M. Cornu (2) est exacte. On a donc dans ce cas une seule et même plante qui est désignée sous le nom de *Peziza mycetophila* et d'*Hypomyces tuberosus*. La deuxième dénomination repose sur une généralisation hâtive.

La désignation de *Monilia albo-lutea* est également mauvaise et peut conduire à des assimilations inexactes.

Penicillium Link (3) (Pinceau).

Mycélium rampant, cloisonné, incolore. Filaments fertiles dressés, cloisonnés, d'abord simples et présentant à leur sommet une ébauche de chapelet; plus tard, latéralement, des branches naissent de haut en bas qui se terminent de même par un chapelet de spores et qui s'appliquent contre le filament principal de manière à former un ensemble rappelant un pinceau. Les branches secondaires peuvent en produire de tertiaires qui se comportent de même. Les rameaux secondaires naissent d'un côté, puis plus tard du côté opposé. Dans certaines espèces (*P. Fieberi*) (4), tous les rameaux sont terminaux, en capitule étroit, courts, unicellulaires, surmontés d'un chapelet de spores. Les spores en chapelets, lisses ou hérissées de petites pointes, se développent de haut en bas, de sorte que la spore terminale d'une

(1) *Selecta carp. fung.*, III.
(2) Note sur les Hypomyces (*Bull. Soc. Bot.*, 1881, p. 10).
(3) *Species Hyphom. et Gymnom.*, I, p. 69.
(4) Corda, *Prachtflora*, pl. IX.

file est souvent beaucoup plus grosse que les autres; ces spores fréquemment colorées (vert, gris, jaune, rose) sont réunies entre elles par des étranglements qui correspondraient à la région d'un filament primitif dans laquelle la membrane de la spore ne se serait pas soudée à la membrane du filament (1).

Trente-huit espèces de ce genre ont été décrites, *P. crustaceum*, etc.

Forme parfaite. — Léveillé avait autrefois constaté, en cultivant le *P. crustaceum* sur du pain, que des sclérotes, dont les cellules sont à parois jaunâtres ou même couleur d'or, se formaient dans les parties étouffées. Ces sclérotes sont susceptibles de passer pendant un certain temps à l'état de vie latente. Brefeld (2) a observé leur germination; il les a vus se transformer en périthèces par suite du bourgeonnement de certains filaments qui s'observent au centre du sclérote.

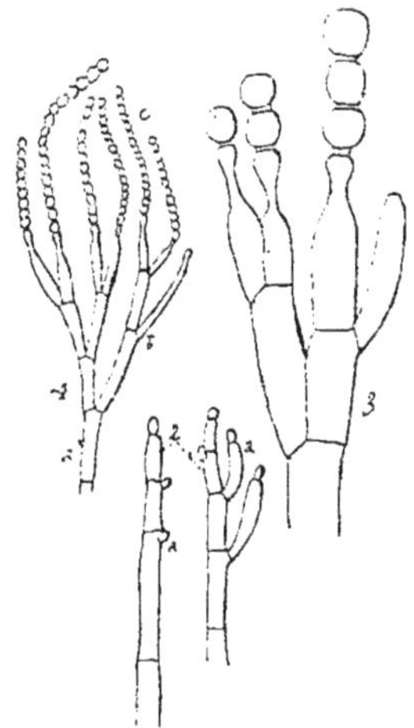

Fig. 81. — *Penicillium crustaceum.* — 1, plante adulte; *a*, pied ramifié à sa partie supérieure : *b*, rameaux ; *c*, chapelet de spores : 2, début du développement; *a*, ébauches des différents rameaux : 3, partie terminale grossie (d'après Lœw).

La germination de la conidie s'opère entre des limites de température assez éloignées, 1°5 à 2° jusqu'à 40 à 48°, l'optimum se trouve vers 22°, d'après les recherches de Wiesner (3). Le pouvoir germinatif peut être conservé pendant plus d'une année (4).

Grawitz avait annoncé que le *P. crustaceum* pouvait

(1) De Seynes, *Recherches pour servir à l'histoire naturelle des végétaux inférieurs.* Paris, 1886. p. 43.
(2) *Botanische Unters. über Schimmelpilze II Penicillium* (Leipzig, 1874).
(3) *Sitzungsber. der Wiener Akad.*, t. LXVII, 1873.
(4) De Bary, *Morph. und Phys..* p. 369.

devenir pathogène, quand on le cultivait à 38 ou 40°.
D'après ses observations, les spores, mises dans de l'eau un
peu chaude qui contient 1 p. 100 de sel de cuisine et intro-
duites dans la veine jugulaire de différents animaux, déter-
minaient la mort au bout de quatre-vingts heures pour les
lapins et de cent heures pour les chiens (1). Ces résultats ont
été niés depuis par un certain nombre d'autres expérimentateurs.

Chlamydospores, Fruits. — Petrowsky (2) a décrit les chlamydospores du *Penicillium;* elles sont de couleur cannelle, à
paroi épaisse et dans l'enveloppe d'une cellule polygonale.
Par destruction de la membrane, elles s'isolent et leurs membranes s'arrondissent: elles germent dans des liquides de
fruits dont la couche doit être mince.

Les observations récentes de M. Zukal (3) ont démontré que
les branches fructifères spiralées qui apparaissent au début
de la formation du sclérote ne peuvent être assimilées à des
organes sexués. Au centre du sclérote, le tissu se résorbe,
puis les parois de la cavité bourgeonnent et donnent des
filaments qui remplissent la cavité et produisent ultérieurement des asques. M. Van Tieghem a suivi le développement
d'un autre *Penicillium*, le *P. aureum* (4); il a trouvé, à côté
de la forme conidienne, de petits grains jaunes qui étaient
les périthèces. Leur développement se fait exactement
comme chez les *Aspergillus;* il n'y a donc pas, dans cette
espèce, de passage par l'état de vie latente.

Propriétés diverses. Le *Penicillium crustaceum* se développe sur des milieux très divers. M. Van Tieghem a établi
qu'il décompose le tannin comme le *Sterigmatocystis
nigra* (5). Le même botaniste a démontré que ce *Penicillium*

(1) Ueber Schimmelvegetation in thierischen Organismus (*Archiv
f. patholog. Anat. und Phys.* Virchow, t. LXXXI. p. 355).

(2) Die Chlamydosporen bei *Penicillium glaucum* (*Protocoll der Sitz.
der Gesellsch. zur Erforsch. des Gouv. Jaroslawl. in naturalischer
Hinsicht*, 1875).

(3) Ueber Cultur der Askenfrüchte von Penicillium crustaceum
,K. K. zool. bot. Gesells. in Wien, 6 oct. 1887).

(4) *Bull. de la Soc. bot. de France*, 1877, t. XXIV, p. 157.

(5) Recherches pour servir à l'histoire physiologique des Mucédinées

peut se développer et fructifier dans l'huile sous une couche de 15 à 20 centimètres de ce liquide. Quand on retire les filaments ainsi formés de ce milieu, ils ne tardent pas à périr. Il y a donc adaptation de la plante à ce milieu particulier. Dans l'huile la fructification est incolore, mais le liquide ambiant devient verdâtre ; ce résultat tient à la solubilité dans ce liquide de la matière cireuse entourant les spores et qui donne au *Penicillium* sa couleur (1).

Haplographium Berkeley et Broome (2)
(Graphium simple).

Mycélium rampant et peu développé. Filaments fertiles dressés, simples, cloisonnés, noirs, présentant à leur partie supérieure des rameaux courts, parallèles au pied, se terminant par des chapelets de spores. Spores globuleuses ou un peu fusiformes, brunes, olivâtres ou quelquefois presque incolores.

Les espèces de ce genre se rapprochent beaucoup des *Penicillium* par leur forme générale, elles en diffèrent par leur coloration noirâtre. Il est très probable que les *Haplographium* sont aux *Graphium* ce que les *Penicillium* sont aux *Coremium*, seulement avec une inversion dans la fréquence des formes. L'état de *Penicillium* et celui de *Graphium* sont les plus communs.

Hormodendron Bonorden (3) (arbre en chapelet).

Mycélium rampant. Filaments fertiles dressés, cloisonnés, noirâtres, présentant à différentes hauteurs et souvent loin du sommet, des rameaux écartés du pied et faisant un angle appréciable avec lui. Ces rameaux peuvent ou bien se ter-

(*Ann. sc. nat.*, 5ᵉ série, t. VIII, 1867, p. 210). Le Penicillium décompose aussi le sucre de canne en glucose et en lévulose.

(1) *Bull. de la Soc. bot.*, 1881, p. 186.
(2) *Annals of nat. History*, n° 818, t. IX, f. 4.
(3) *Botanische Zeitung*, 1853, p. 286.

miner par un chapelet de spores, ou bien se ramifier un petit nombre de fois, chacun des derniers rameaux suppor-

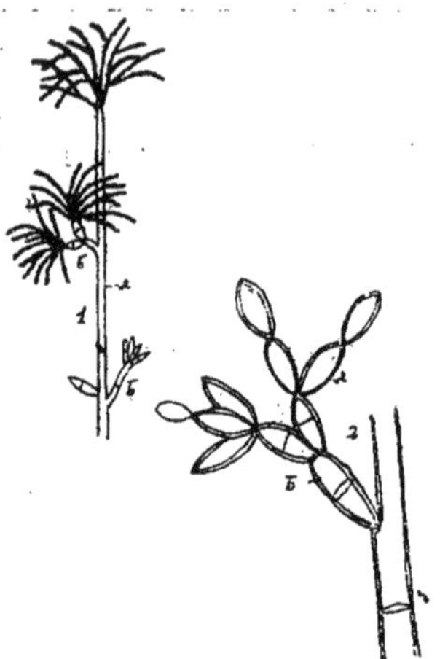

Fig. 82. — *Hormodendron elatum.* — 1, *a*, tige fructifère ; *b*, groupe d'appareils sporifères ; 2, groupe sporifère grossi ; *a*, chapelet de spores ; *b*, support basidifère (d'après Harz).

tant un chapelet semblable. La partie terminale du pied peut présenter les deux types précédents d'organisation.

Huit espèces ont été décrites, *H. olivaceum, elatum,* etc.

Harz (1) a montré que l'*Hormodendron elatum* était l'état non agrégé du *Stysanus Stemonitis.*

(1) *Bull. Soc. nat. de Mosc.,* 1871, p. 141, pl. IV, fig. 5.

SEPTIÈME GROUPE (1).

Pachybasium Saccardo (2) (baside renflée).

Mycélium rampant. Filaments fertiles incolores, dressés, présentant à leur partie supérieure des rameaux stériles et recourbés, et sur la partie médiane des rameaux fertiles quelquefois alternes, le plus souvent opposés. Ces rameaux fertiles sont ramifiés et portent soit latéralement, soit à leur extrémité, des ampoules ovoïdes, allongées, à la pointe desquelles bourgeonne une spore globuleuse et incolore. Spores solitaires, non en chapelet.

Une seule espèce de ce genre est jusqu'ici connue, le *P. hamatum*.

Fig. 83. — *Pachybasium hamatum.* — 1, *a*, base du filament ; *b*, point où deux rameaux sont opposés ; *c*, rameaux alternes ; *d*, rameaux supérieurs stériles ; *e*, article renflé inférieur à la spore *f* (d'après Bonorden).

Calcarisporium Preuss (3) (spore à éperon).

Mycélium rampant, rameux, cloisonné. Filaments fertiles dressés, cloisonnés, présentant des rameaux verticillés à leur partie supérieure ; le sommet des derniers ramuscules se renfle en une tête présentant de nombreuses verrues

(1) Voir p. 15.
(2) *Fungi Alger. Tahiti Gall.*, p. 6.
(3) *Unters. Pilze v. Hoyerswerda*, p. 84.

8

sur lesquelles s'insèrent les spores. Les rameaux secondaires sont rares. Spores incolores fixées par un hile à la base.

Ce genre est voisin du *Sceptromyces*, dont il diffère par ses spores non pédicillées, par l'absence d'un épi allongé et par la présence d'une tête verruqueuse.

Une seule espèce est connue : *C. arbuscula.*

Verticillum Nees (1) (Champignon à rameaux en verticille).

Mycélium rampant, cloisonné. Filament fertile dressé, droit, non coloré en noir et portant plusieurs verticilles de

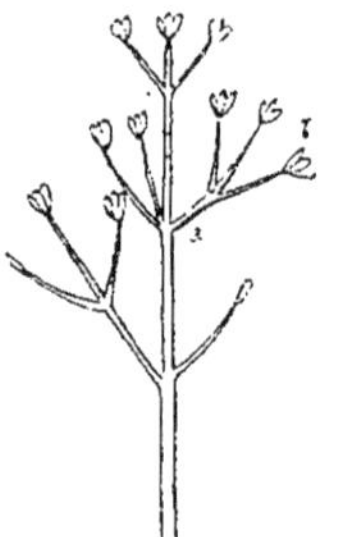

Fig. 84. — *Verticillium agaricinum.* — *a*, rameaux fructifères verticillés; *b*, spore par petits groupes qui tombent rapidement (d'après Harz).

rameaux primaires : les rameaux primaires supérieurs peuvent être simplement opposés, quelquefois isolés. Les rameaux primaires inférieurs portent des rameaux secondaires également en verticille. Le filament principal, les rameaux primaires et les rameaux d'ordre supérieur se terminent par des spores en général solitaires. Spores globuleuses ou ovoïdes, incolores ou de couleur claire, tombant facilement, quelquefois groupées en petit nombre à l'extrémité d'un filament.

Saccardo subdivise ce genre très important, comprenant une cinquantaine d'espèces, en :

A. *Verticillium* à rameaux sporifères droits, à spores sans mucosité,

Comprenant : 1° les Verticilles blancs (vingt-quatre espèces);

2° Les Verticilles roses, rouges ou jaunes (quinze espèces);

3° Les Verticilles verts, gris et légèrement brunâtres (six espèces).

(1) *Das System der Pilze und Schwämme*, p. 57. Wurzbourg, 1816.

B. *Oncocladium* à rameaux sporifères recourbés ; à spores sans mucosité (1).

Forme parfaite. — Tulasne a rapproché le *Verticillium agaricinum* de l'*Hypomyces ochraceus* (2). Harz (3) a rencontré cette forme conidienne associée à un *Mycogone*, ce qui justifie l'opinion de Tulasne, car on sait que les *Hypomyces* s'observent sous trois formes.

Cladobotryum Nees (4) (grappe de rameaux).

Mycélium rampant, étalé. Filaments fertiles dressés et portant des rameaux en verticille supportant eux-mêmes des rameaux de second ordre également verticillés. L'extrémité des rameaux sporifères, pointue ou très légèrement renflée, porte en général de deux à quatre spores qui tombent difficilement. Spores incolores, le plus souvent ovoïdes, un peu allongées.

Cinq espèces connues : *C. ternatum, gelatinosum,* etc.

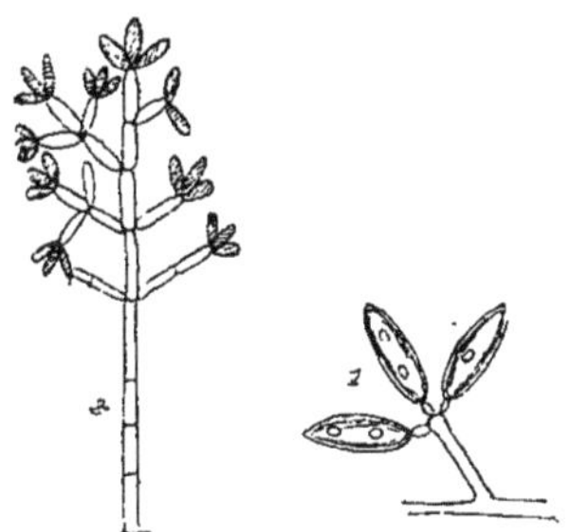

Fig. 85 et 86. — *Cladobotryum gelatinosum* (d'après Fuckel). — *C. ternatum* (d'après Corda).

Acrocylindrium Bonorden (5) (spore cylindrique).

Mycélium rampant. Filaments fertiles incolores ou faiblement colorés, dressés, à rameaux verticillés, quelquefois dichotomes. Les rameaux fructifères peuvent être différenciés ou non ; dans le premier cas, ils sont en verticille

(1) Le sous-genre *Gliocephalum* doit se rattacher aux *Acrostalagmus*.
(2) *Select. carp. fung.*, III, p. 41.
(3) *Ueber einige neue Hyphomyceten*, p. 112.
(4) *Der Syst. der Pilze*, p. 55.
(5) *Handbuch der allgem. Mykologie*, p. 97.

terminal, renflés à la base, terminés en pointe au sommet. Spore cylindrique, incolore ou légèrement colorée en rose ou en jaune, solitaire, tombant facilement.

Six espèces connues : *A. Cordæ, elegans*, etc.

Uncigera Saccardo (1) (porte-crochet).

Champignon formant des taches blanches, petites sur les feuilles mortes d'Orme et d'Érable, à filaments cloisonnés ; articles légèrement renflés à leur partie supérieure.

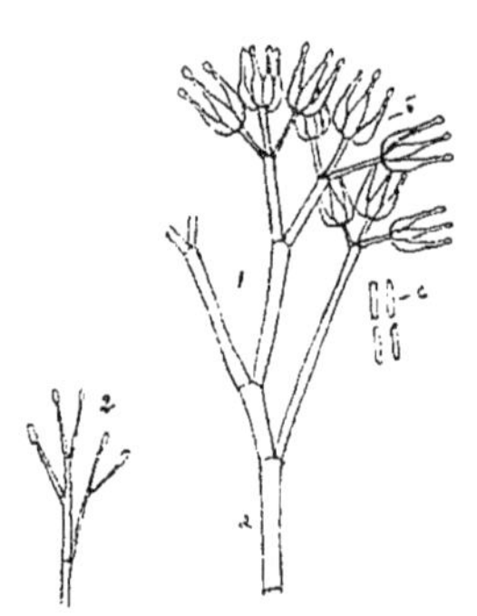

Fig. 87-88. — *Acrocylindrium elegans.* — 1 *a*, filament fructifère général ; *b*, basides portant les spores *c*. — 2, *A. minimum* (d'après Bonorden).

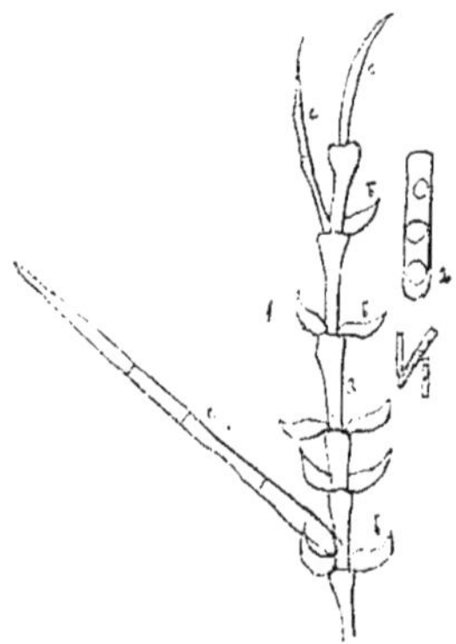

Fig. 89. — *Uncigera Cordæ.* — 1, filament fructifère *a* portant les rameaux crochus *b* et d'autres rameaux allongés *c* ; 2, spores en forme de bâtonnets grossies et non grossies (d'après Corda).

portant des rameaux courts, opposés, crochus. En certains points, ces rameaux s'allongent, s'amincissent, se cloisonnent et se terminent en pointe très légèrement arquée ; en d'autres endroits, ils s'arrondissent à leur extrémité. Dans quelques cas, il naît des rameaux allongés, droits, cloisonnés, à l'aisselle d'un rameau en forme de crochet. Spore cylindrique en bâtonnet.

Une seule espèce connue : *U. Cordæ*.

(1) *Miscell. mycolog.*, II, n. 115.

Remarque. — Ce genre, créé par Saccardo sur le *Fusisporium uncigerum* de Corda, est insuffisamment défini. On ne sait pas comment, ni même sur quelle partie, s'insèrent les spores. Rien dans les figures ou les descriptions n'indique leur relation avec les basides en crochet.

Acrostalagmus Corda (1) (goutte terminale).

Mycélium rampant, cloisonné. Filament fertile dressé, cloisonné, incolore, quelquefois rouge brique, vert-olivacé ou légèrement brunâtre, présentant à différentes hauteurs des verticilles très réguliers de rameaux plus nombreux et plus longs dans la partie inférieure, de sorte que l'ensemble de l'arbuscule est assez régulièrement conique. Rameaux primaires régulièrement ramifiés, rameaux secondaires également en verticille. Toutes les extrémités des rameaux se terminent, quand la plante est dans l'air sec, par des sortes de boules sporifères rondes qui rappellent des sporanges ; dès que l'arbuscule est placé dans l'eau, ces boules se dissolvent complètement et il ne reste plus que la pointe des rameaux dépourvue de spores. Ces spores sont petites, et, en gélifiant leur membrane dans sa partie périphérique, elles se trouvent bientôt plongées dans un mucilage à contour arrondi qui se dissout instantanément dans l'eau.

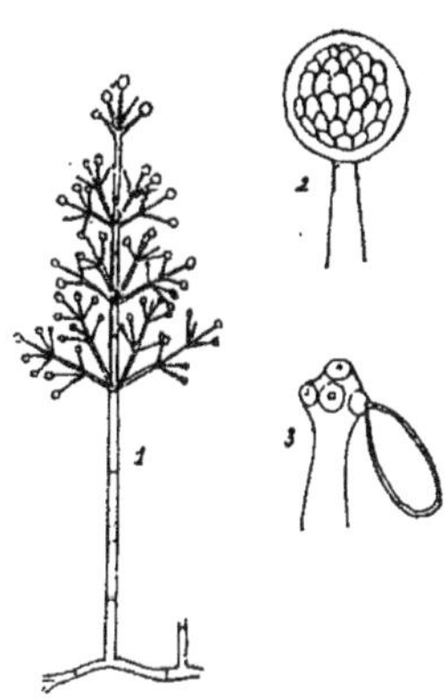

Fig. 90. — *Acrostalagmus cinnabarinus.* — 1, port général de la plante ; 2, tête sporifère grossie, entourée d'une sphère mucilagineuse ; 3, tête de laquelle les spores sont tombés (d'après Corda).

Dix espèces de ce genre ont été décrites : *A. cinnabarinus,* etc.

Forme parfaite. — M. Cornu a émis, dans un travail sur

(1) *Icones fungorum*, t. II, p. 15.

la reproduction des Ascomycètes, cette opinion que les *Acrostalagmus* ainsi que les *Verticillium*, les *Cylindrophora* et les *Acremonium* seraient des formes conidiennes d'espèces voisines des *Hypomyces*. Cette opinion paraîtrait en partie confirmée par les études de M. Vuillemin (1) qui a récemment montré le lien qui relie les *Acrostalagmus* et les *Nectria*.

Nous avons déjà indiqué plus haut la relation qu'on avait cru pouvoir établir entre le *Cephalothecium roseum* et les *Acrostalagmus cinnabarinus ;* les recherches de de Bary et Lœw ont démontré l'inexactitude de ce résultat (2).

M. Eidam a trouvé une forme coremiale de l'*A. cinnabarinus* (3).

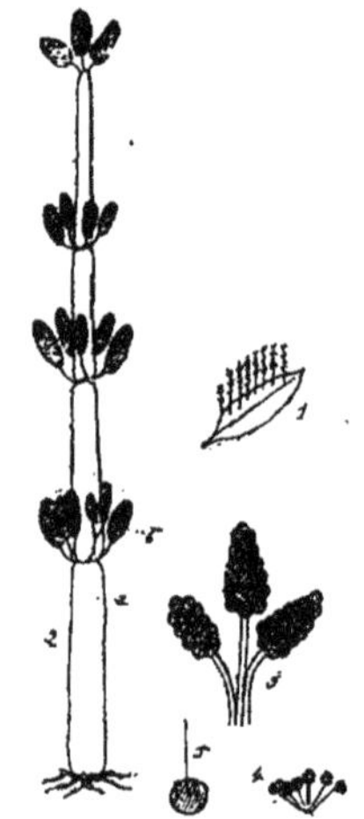

Fig. 91.— *Sceptromyces Opizii.* — 1, aspect de la plante vue à la loupe sur son support ; 2, un filament grossi à verticilles fructifères ; 3, têtes sporifères grossies ; 4, 5, spores avec leur appendice (d'après Corda).

Sceptromyces Corda (4) (Champignon en baguette, en sceptre).

Mycélium rampant, cloisonné. Filament fertile simple, large relativement au mycélium, divisé en un petit nombre (4 à 6) de cellules allongées. Au voisinage de ces cloisons (les figures n'apprennent pas si c'est au-dessus ou au-dessous) naissent de fins rameaux en verticilles, courts, tous égaux en longueur, rarement ramifiés, qui supportent à leur partie terminale une sorte de capitule allongé ou d'épi dense formé d'un grand nombre de spores. Ces spores sont arrondies et pré-

(1) *Études biologiques sur les champignons*, p. 81.
(2) Voir plus haut, p. 94.
(3) Il désigne cette espèce sous le nom de *Verticillium ruberrimum*, qui est synonyme (*Ueber Beobachtungen an Schimmelpilzen*, 58, *Jahresbericht der schlesischen Gesellschaft für vaterländische Cultur*, 1880, p. 137).
(4) Sturm, *Deutschlands Flora*, 11e fasc., p. 7, pl. IV.

sentent un appendice filiforme à l'aide duquel elles paraissent fixées sur l'axe de l'épi.

Une seule espèce de ce genre est connue jusqu'ici, le
S. Opizii, qui se développe sur les inflorescences mâles de
Cupressus.

Clonostachys Corda (1) (petits rameaux en épi).

Mycélium rampant, cloisonné. Filament fructifère incolore, dressé, portant à sa partie
supérieure des rameaux verticillés régulièrement ou opposés et même quelquefois isolés.
Ces rameaux en portent d'autres de second et de troisième
ordre qui peuvent être couverts
de spores. Les spores incolores sont disposées en un long
épi dense tout le long de ces
derniers ramuscules ; elles sont
serrées les unes contre les
autres et disposées en spirale,
et de façon à paraître rangées sur quatre rangs ou sur
un plus grand nombre de lignes.
Spores sessiles, incolores.

Trois espèces sont connues :
C. Araucaria, candida et *Po-*
puli.

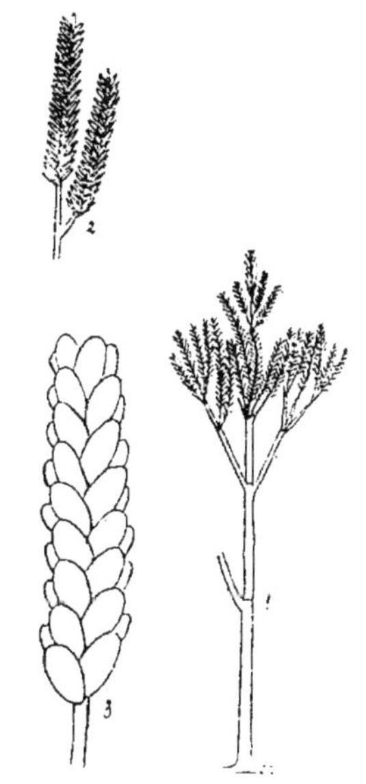

Fig. 92-93. — *Clonostachys Populi.* —
1, port de la plante ; 2, derniers rameaux grossis. — *C. candida.* —
3, rameau sporifère grossi (d'après
Harz).

Stachylidium Link (2) (spicule).

Mycélium rampant, peu développé. Filaments fertiles
dressés portant des rameaux verticillés ; le plus souvent le

(1) *Prachtflora*, pl. XIV.
(2) *Observ.* I, p. 13.

pied est brunâtre et les rameaux latéraux incolores. Ces rameaux primaires, rarement ramifiés, sont à peu près tous égaux depuis le bas jusqu'en haut de la tige principale. Les spores sont agrégées en un capitule sphérique à l'extrémité de ces rameaux. en grand nombre dans les espèces où s'opère la gélification, en petit nombre quand elle ne se produit pas. Spores incolores, quelquefois un peu brunâtres, unicellulaires.

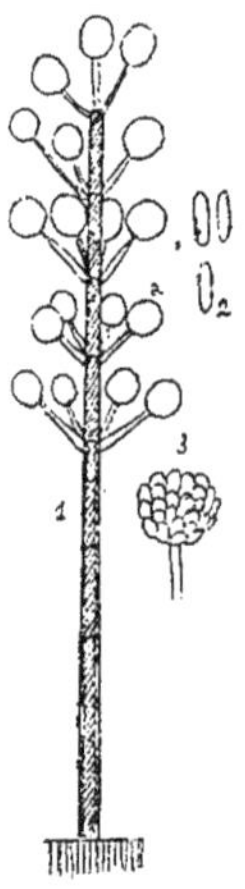

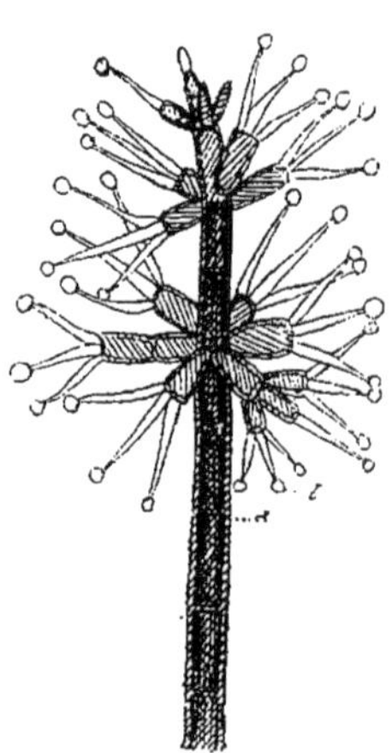

Fig. 94. — *Stachylidium bicolor.* — 1. tige fructifère portant des verticilles de rameaux terminés par des sphères gélatineuses dans lesquelles se trouvent les spores; 2, spores grossies (d'après Saccardo); 3, glomérule sporifère (d'après Corda).

Fig. 95. — *Verticicladium trifidum.* — 1, *a*, pied et tête sporifères présentant des verticilles de rameaux sporifères; *b*, spores (d'après Preuss).

Le *S. bicolor* est une espèce à spore entourée de mucilage, le *S. thelenum* est à spore non mucilagineuse. Nous avons observé la première espèce sur un morceau de tige de Rhubarbe; la moisissure, d'abord olivacée-verdâtre, devient tout à fait noire. Quand la plante se développe à sec, les capitules restent entiers; ils se dissolvent instantanément quand on met la plante dans l'eau.

Verticicladium Preuss (1) (rameaux de *Verticillium*).

Filaments fertiles dressés, noirâtres, à rameaux primaires et secondaires en verticilles. Les derniers rameaux portent des spores simples, unicellulaires, incolores ou brunâtres, tombant facilement.

Ce genre présente tous les caractères des *Verticillum* avec des filaments fructifères brunâtres.

Cinq espèces de ce genre sont connues : *V. trifidum*, etc.

Diplocladium Bonorden (2) (rameaux doubles).

Mycélium rampant. Filaments dressés incolores ou légèrement cendrés, portant des rameaux primaires opposés ou verticillés, ayant des rameaux secondaires présentant la même disposition, élargis à leur base, amincis à leur pointe qui supporte une seule spore incolore, ovoïde, bicellulaire quand elle est mûre.

Espèces principales : *D. minus* (3), etc.

Dactylium Nees (4) (en forme de doigts).

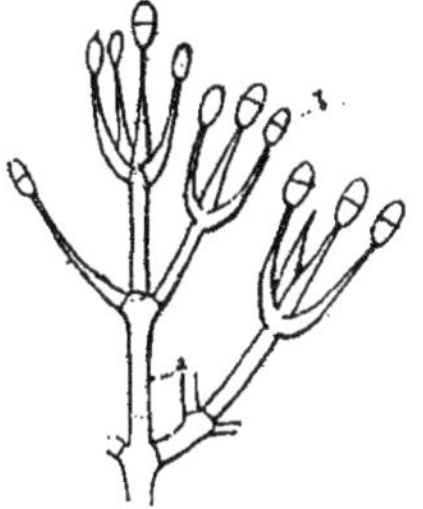

Fig. 96. — *Diplocladium minus.* — *a*, tige fructifère à rameaux opposés ; *b*, spores bicellulaires (d'après Bonorden).

Mycélium ramifié, rampant à la surface des Hyménomycètes, des feuilles et des branches en voie de putréfaction. Filaments fertiles blancs ou un peu rosés, cloisonnés, portant des rameaux en verticilles et alternes. Les rameaux primaires ou les rameaux secondaires portent des spores incolores, solitaires, oblongues, offrant plusieurs cloisons parallèles entre elles à la maturité.

(1) Uebersicht untersuchter Pilze besonders aus der Umgegend von Hoyerswerda (*Linnæa*, 1849-1853).
(2) *Handbuch der allg. Mykologie*, p. 98.
(3) État conidial de l'*Hypomyces aurantiacus*.
(4) *Das Syst. der Pilze*, p. 58.

Six espèces sont connues : *D. dendroides*, etc.

Forme parfaite. — Le *D. dendroides* est, d'après Tulasne, la forme conidienne de l'*Hypomyces rosellus* (1), qui se développe sur le *Russula emetica*.

Sphondylocladium Martius (2) (rameau à vertèbres).

Filaments stériles rampants, cloisonnés. Filaments fertiles dressés, simples, cloisonnés, rigides, noirâtres, et portant latéralement et à l'extrémité des verticilles de spores. Spores allongées, fusiformes, noirâtres, présentant deux ou plusieurs cloisons parallèles.

Deux espèces sont connues : *S. fumosum* et *atro-virens*.

Fig. 97. — *Sphondylocladium atro-virens. — a,* pied simple et noir ; *b,* spores verticillées noirâtres (d'après Harz).

Mucrosporium Preuss (3) (spores en rapport avec des mucrons ou pointes).

Ce genre présente tous les caractères des *Dactylium* avec cette différence que les spores sont disposées en capitule à l'extrémité des derniers rameaux ; cette extrémité est apiculée.

Quatre espèces sont connues : *M. sphærocephalum*, etc.

Spicaria Harz (4) (en épi).

Mycélium rampant. Filaments fertiles dressés, cloisonnés, incolores, rarement noirâtres, présentant un ou deux verticilles de rameaux. Ces rameaux primaires peuvent porter

(1) *Select. carp. fung.*, III, p. 45.
(2) *Flora cryptogamica Erlangensis*, p. 355.
(3) *Uebers. Pilze des Ung. Hoyerswerda*, nº 97.
(4) *Hyphomyceten*, p. 50.

des rameaux secondaires également verticillés et qui présentent une extrémité sporifère amincie. Les spores sont en longs chapelets, quelquefois ramifiés à leur extrémité ; chacune d'entre elles est ovoïde et incolore et non cloisonnée.

Huit espèces connues : *S. elegans*, etc.

Forme parfaite. — Le *Spicaria Solani* d'après Reinke et Berthold (1) est la forme conidienne du *Nectria Solani*. Le *Spicaria Solani* d'Harting présente des chapelets sporifères

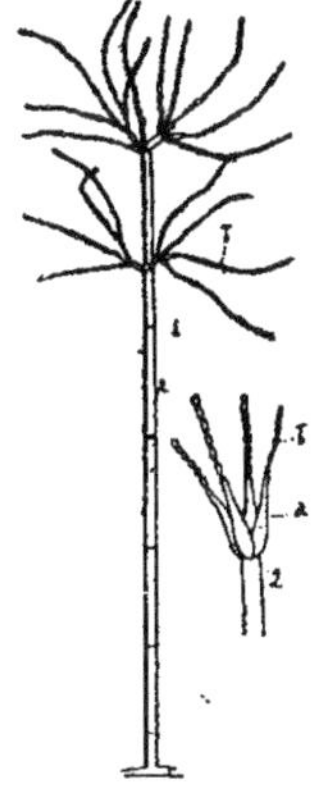

Fig. 98. — *Spicaria elegans.* — 1, filament fructifère *a* présentant deux verticilles de basides portant des chapelets de spores *b*; 2, *a*, basides supportant les chapelets de spores (d'après Harz).

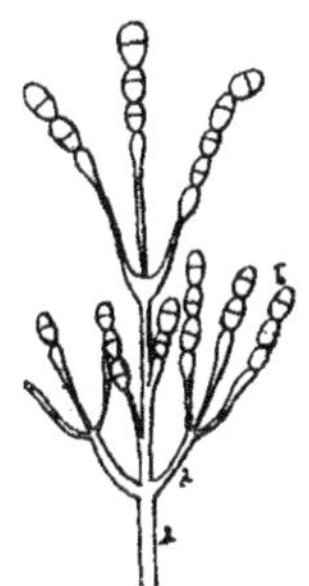

Fig. 99. — *Didymocladium ternatum.* — *a*, rameaux fructifères en verticilles ; *b*, spores en chapelets (d'après Bonorden).

qui s'agglomèrent souvent en boules, et la plante prend alors l'aspect d'un *Verticillium* (2).

(1) *Die Zersetzung der Kartoffel durch Pilze.* Zopf a vérifié le fait également dans ses recherches sur les Chætomium et il l'indique dans son mémoire : *Ueber Chætomium (Sitzungsb. des bot. Vereins der Provinz Brandenburg,* 1878).

(2) Karsten, Mittheilungen über die Pilze, welche die Trockenfäule der Kartoffeln begleiten (*An. der Landwirthsch. im K. Preuss,* 1865, p. 18?).

Didymocladium Saccardo (1).

Filaments fertiles dressés, présentant des rameaux primaires en verticilles et des rameaux secondaires nés d'après les mêmes règles. Spores incolores, disposées en chapelets à l'extrémité de ces derniers rameaux et subdivisées en deux cellules par une cloison transversale.

Une seule espèce est connue, *D. ternatum.*

(1) *Sylloge fungorum*, t. IV, p. 186.

HUITIÈME GROUPE (1).

Monosporium Bonorden (2) une spore).

Mycélium rampant. Filaments fertiles dressés, à ramifications irrégulières, accidentellement opposées, incolores. Derniers rameaux terminés en pointe supportant une seule spore incolore ou légèrement colorée, non divisée; spores oblongues ou ovoïdes, mais non très allongées.

Vingt espèces sont décrites : *M. spinosum, acuminatum,* etc.

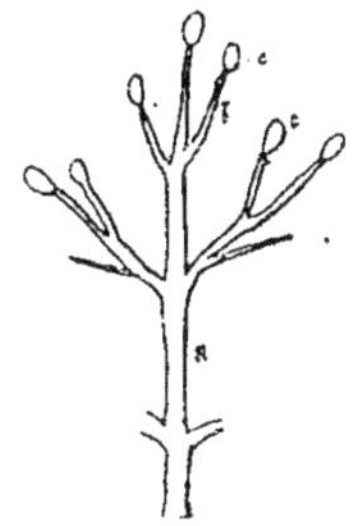

Dictyonema Reinsch (3) (filaments en réseau).

Fig. 100. — *Monosporium spinosum.* — *a*, filament ramifié; *b*, spores (d'après Bonorden).

Plante formée de filaments disposés en réseau. Filaments principaux droits, composés de grandes cellules qui se ramifient. Branches latérales disposées en réseau parce que les ramuscules se dichotomisent un grand nombre de fois assez irrégulièrement. Les cellules de ces ramuscules sont courtes. Spores elliptiques, à l'extrémité des dernières branches.

Une seule espèce a été décrite, *D. Zoophytarum,* dont les spores ont $8\,\mu\,8$ sur $11\,\mu\,5$, qui se développe sur les

(1) Voir p. 16.
(2) *Handbuch der allg. Mykologie,* p. 95.
(3) *Contributiones ad Algologiam et Fungologiam.* Leipzig, 1875. p. 95, pl. I.

Zoophytes et sur les Algues marines telles que *Rhodymenia*, *Phyllophora*, dans l'océan Atlantique sur les côtes.

Cylindrophora Bonorden (1) (porte-cylindre).

Filaments stériles rampants. Filaments fertiles dressés, incolores, simples, cloisonnés, portant latéralement et irrégulièrement des rameaux qui se divisent de même et qui portent à leur extrémité des spores solitaires. Spores inco-

Fig. 101. — *Dictyonema zoophytarum.* — 1, *a*, filament principal ; *b*, rameaux secondaires dichotomes ; 2, extrémité fructifère ; *a*, partie filamenteuse ; *b*, spores (d'après Reinsch).

Fig. 102.—*Cylindrophora virgata.* — *a*, spores : *b*, filament fructifère (d'après Bonorden).

Fig. 103. — *Siphopodium dendroïdes.* — 1, aspect du pied, filament principal *a*, et de la tête formée de rameaux secondaires très ramifiés ; 2, partie fructifère ; *a*, spores (d'après Reinsch).

lores, non cloisonnées, cylindriques, arrondies aux deux bouts.

Trois espèces connues, *C. tenera, alba, virgata.*

Siphopodium Reinsch (2) (pied en siphon).

Filament fructifère non cloisonné, dressé, dont la base se trouve sur la fronde d'un *Metzgeria*. Pied sans cloison, puis se ramifiant un très grand nombre de fois par des dichotomies successives plus ou moins irrégulières. Spores

(1) *Handb.*, p. 92.
(2) *Contrib. ad Algol. et Fungol.* Leipzig, 1875, p. 96.

sphériques, unicellulaires, à l'extrémité des derniers rameaux qui sont amincis en pointe.

Une seule espèce est connue, le *S. dendroides* qui se développe en parasite sur les frondes de *Metzgeria furcata*. Cette plante se rattache peut-être aux Péronosporées ; l'auteur l'indique comme un genre de Mucorinées.

Cylindrodendron Bonorden (1) (arbre à spores cylindriques).

Mycélium stérile rampant. Filaments fertiles ramifiés irrégulièrement, présentant des rameaux dont le diamètre diminue assez uniformément depuis le bas jusqu'à la partie terminale qui est stérile et plus ou moins recourbée. Sur la partie moyenne de l'arbuscule s'attachent latéralement des basides renflées, ovoïdes, surmontées d'une seule spore cylindrique, incolore.

Ce genre diffère très peu des *Pachybasium*, si ce n'est par l'irrégularité de sa ramification et par les spores qui sont ovoïdes dans ce dernier genre.

Deux espèces ont été décrites par Bonorden : *C. album* et *articulatum*.

Virgaria Nees (2) (verge).

Filaments stériles rampants. Filaments fertiles noirâtres ou d'un brun ferrugineux, cloisonnés, simples ou un peu ramifiés. Spores noires insérées à l'extrémité ou près de l'extrémité des filaments.

Fig. 104. — *Virgaria indivisa*. — Filaments fructifères ; *a*, spore, *b*, filament fructifère (d'après Saccardo).

Ce genre diffère des *Botrytis* par la présence de spores noires.

On connaît dix espèces de ce genre : *V. nigra*, etc.

(1) *Handb. d. allg. Myk.*, p. 98.
(2) *Syst.*, II, p. 14.

Streptothrix Corda (1) (filaments tordus).

Filaments fertiles bruns, seuls dressés, ramifiés. Rameaux alternes, ceux de la base plus développés que ceux du sommet. Tous ces rameaux sont légèrement tortillés et brunâtres ; la base du filament principal et les articles basilaires des rameaux secondaires sont seuls droits et composés de cellules légèrement renflées à leur partie supérieure. Les spores sont terminales, d'un brun rougeâtre, ovoïdes, tronquées quelquefois à leur point d'attache. Quelques spores sont en apparence latérales, ce sont celles qui se produisent à l'endroit d'une bifurcation et qui terminent le filament primitif; dans les deux positions, ces spores sont solitaires. Elles sont quelquefois reliées au support par une masse transparente, incolore, qui sépare la spore rougeâtre du filament jaunâtre.

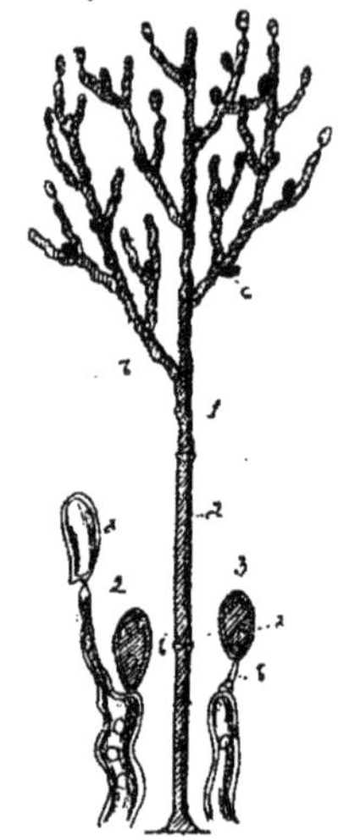

Fig. 105. — *Streptothrix fusca.* — 1, port de la plante; 2, production des spores (d'après Corda).

Trois espèces sont connues : *S. fusca, atra et abietina.*

Acrospeira Berkeley et Broome (2) (spire terminale).

Filaments stériles couchés. Filaments fertiles articulés, ramifiés. Les derniers rameaux sont contournés en spirale et à plusieurs cloisons. Les spores sont noires non cloisonnées et naissent de quelques-uns des articles de la spire.

Une seule espèce connue : *A. mirabilis.*

(1) *Prachtflora*, p. 23, pl. XIII.
(2) *Annals of nat. hist.*, n° 952.

Trichoderma Persoon (1) (membrane formée de filaments).

Mycélium couché et agrégé en masses planes compactes. Filaments fertiles un peu redressés, à rameaux étalés. Ces rameaux portent eux-mêmes des branches insérées perpendiculairement aux rameaux primaires. Les dernières ramifications sont pointues à leur extrémité et portent un capitule de spores faiblement colorées.

Forme parfaite. — Tulasne (2) a rapporté le *Trichoderma lignorum* à l'*Hypocrea rufa* dont il serait la forme conidienne. M. Vuillemin, qui a suivi le développement de cette Mucédinée dans différents milieux, pense qu'il faudrait modifier la des-

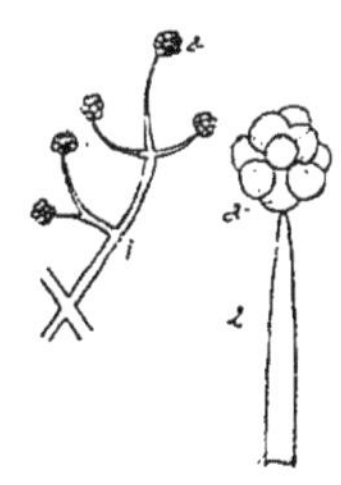

Fig. 106. — *Trichoderma lignorum.* — 1, filament ramifié terminé par des branches fructifères ; *a*, capitule de spores ; 2, branche fructifère grossie ; *a*, spores (d'après Harz).

cription de cette forme conidienne donnée par Tulasne, car elle possède les caractères des *Acrostalagmus* (3).

Botrytis Micheli et Link (4) (grappe).

Filaments stériles rampants. Filaments fertiles dressés, ramifiés en arbuscules. Rameaux terminés en pointe et portant les spores en petit nombre ou quelquefois solitaires.

Ce genre a été considéré comme constituant le sous-genre *Eu-Botrytis* dans le genre *Botrytis*, qui était formé en outre des *Polyactis*, *Nodulisporium* et *Cristularia*. Limité ainsi que nous venons de le faire, ce genre comprend actuellement soixante-dix espèces, qui sont entièrement blanches (*B. candidula, reptans, Bassiana*, etc.), rougeâtres, orangées ou lilacines (*B. rosea, carnea*, etc.), jaunâtres

(1) *Disp. fung.*, p. 12.
(2) *Selecta Carp. fung.*, III, p. 30.
(3) *Études biolog. sur les Champignons*, p. 83.
(4) *Species Hyphom. et Gymn.*, pl. I, p. 53.

(*B. citrina*, etc.), grisâtres (*B. grisella*), argillacées (*B. geniculata*), noirâtres (*B. fuliginosa*).

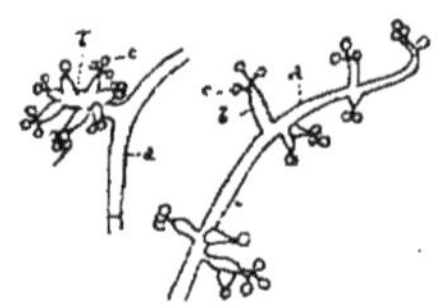

Fig. 107. — *Botrytis Bassiana.* — *a,* filaments fructifères ; *b,* spores (d'après de Bary).

Maladies. — Le *Botrytis Bassiana,* que l'on peut classer dans ce groupe, attaque les vers à soie. On l'observe sur les vers muscardinés. Tulasne (1) n'était pas éloigné de penser que cette Mucédinée représente l'appareil conidifère d'une Sphérie, peut-être du *Cordiceps sinensis.* De Bary (2) a entrepris sa culture sans succès ; plus de cent fois il a recommencé ses essais sans obtenir une autre forme. L'assimilation de Tulasne s'explique cependant par la multiplicité des aspects sous lesquels se présentent les *Isaria* qui se développent aussi sur les Insectes. Fries (3) avait déjà remarqué le polymorphisme de ces Champignons, qu'il qualifie de protées ; les Isaries peuvent être considérés comme des Mucédinées agrégées, absolument comme les *Coremium* sont des *Penicillum* composés et, inversement, comme les *Haplographium* sont des *Graphium* simples. Tulasne ayant démontré que l'*Isaria farinosa* est la forme conidienne du *Cordiceps militaris,* on conçoit qu'il ait été amené à penser que le *Botrytis Bassiana* serait la forme conidienne d'un autre *Cordiceps* qui ne se développerait

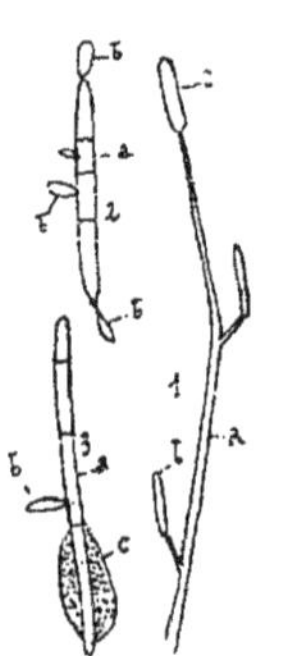

Fig. 108. — *Isaria farinosa.* — 1, appareil fructifère à spores cylindriques *a* se développant dans le corps de l'animal ; 2, germination de ces corps dans le sang ; *a,* production de spores secondaires par bourgeonnement ; *b,* spore ayant traversé un globule sanguin (d'après de Bary).

qu'en Chine, pays originel du ver, comme la forme parfaite de l'*Oidium Tuckeri* ne s'observerait qu'en Amérique.

(1) *Annales des sc. nat.,* 4e série, t. VIII, 1857.
(2) *Botanische Zeitung,* 1867-1869, p. 590.
(3) *Syst. myc.,* III, p. 270.

Les recherches de de Bary sur l'inoculation du *Botrytis Bassiana* l'ont conduit aux mêmes résultats qu'en opérant avec l'*Isaria farinosa*. La germination des spores de ce dernier Champignon faite dans des liquides nutritifs peut donner soit un filament simple terminé par un chapelet de spores, soit un filament plus ou moins ramifié dont les ramuscules verticillés portent de courts chapelets ou glomérules de spores (1). Quand on sème ce Champignon sur les chrysalides sur lesquelles il se développe, il pénètre à travers la chitine, se ramifie dans la peau, dans les muscles de l'animal. Il se forme alors des conidies cylindriques allongées qui remplissent bientôt la masse du sang. Elles s'y développent, atteignent une taille double ou triple de leur grandeur primitive, puis bourgeonnent.

L'animal perd sa turgescence, devient mou et meurt. Après la mort, les filaments se ramifient très activement et remplissent toute la masse de l'animal. A ce moment, ce dernier n'existe plus, il est remplacé par un sclérote qui a gardé l'aspect de la larve. Les conidies cylindriques prises dans le corps de l'animal peuvent, en germant dans un milieu nutritif, redonner la forme *Isaria*. Le Sclérote-insecte se couvre d'une moisissure blanche qui donne selon les circonstances l'*Isaria* ou le *Cordiceps*.

Forme parfaite. — Il résulte des récentes et intéressantes recherches de MM. Brefeld, Istvanffy et Johan-Olsen (2) qu'un certain nombre de Basidiomycètes du groupe des Hétérobasidiés présentent des états conidiens rappelant les *Botrytis* ou les *Polyactis;* ce sont de petits arbuscules ramifiés dont les dernières branches se terminent par des capitules de spores globuleuses ou en forme de baguettes droites ou arquées. Ces appareils conidiens ont été observés dans les genres suivants : *Tremella*, *Craterocolla* (genre nouveau), *Auricularia*. Il est à remarquer que cet appareil

---

(1) Cette forme simple rappelle les *Spicaria*.
(2) Basidiomyceten, Protobasidiomyceten (*Unters. aus dem Gesammtgebiete der Mykologie*, VII, 1888).

conidien avait été découvert antérieurement par M. Patouillard chez les *Ombrophila* (1).

Polyactis Link (2) (plusieurs rayons).

Filaments rampants stériles. Filaments fertiles dressés, ramifiés, cendrés, non terminés en pointe ; extrémité arrondie portant un certain nombre de spores ; spores incolores ou faiblement colorées.

Seize espèces se rattachent à ce genre : *P. cinerea, vulgaris*, etc.

Forme parfaite. — Les spores du *Polyactis cinerea* en germant reproduisent le même appareil conidien, mais, après plusieurs séries de cultures, M. de Bary (3) a vu se produire sur des grains de raisin, sur des feuilles de Vigne de petits sclérotes noirs qui se fusionnent entre eux de manière à se présenter comme des masses mamelonnées. Ces appareils se forment en hiver sur les feuilles de Vigne tombées à terre. Ils se produisent également bien sur le porte-objet du microscope, où l'on peut facilement suivre les états successifs du développement ; d'une cellule du thalle part un court filament vertical qui se dichotomise un certain nombre de fois dans des plans différents, de manière à former une masse conique. Cette masse s'étale en surface, atteint 3 à 4 millimètres en restant attachée au thalle par son centre ; d'autres lames analogues se forment dans le voisinage et se fusionnent avec la première. Après quelque temps de vie latente, ces sclérotes déposés dans le sable humide entrent en germination. Si ces lames sont à la surface du sable, les cellules superficielles redonnent le *Polyactis ;* si les sclérotes ont été, au contraire, placés à un centimètre de profondeur, la quantité d'air est insuffisante pour former les conidies, et le *Peziza Fuckeliana* se développe. Le sclérote

---

(1) *Matériaux pour servir à l'histoire des Champignons*, I (Les Hymenomycètes d'Europe), p. 161, pl. 4, fig. 9, le genre *Ombrophila* est identique au *Craterocolla*.

(2) Corda, *Icones fung.*, I, p. 19.

(3) De Bary, *Morph. und Phys. der Pilze*, p. 243.

sur lequel naît la Pézize avait été décrit autrefois sous le nom de *Sclerotium echinatum*. Les ascospores semées dans le jus de raisin donnent un mycélium et bientôt un sclérote, mais pas d'appareils conidiens (1). D'après de Bary, le *Peziza Candolleana*, qui produit le *Sclerotium pustulata*, engendre aussi le *Polyactis cinera*. Peut-être faut-il identifier ces deux Pézizes.

D'après Brefeld (2), l'appareil conidien du *Peziza tuberosa* est également un *Polyactis* qu'il regarde comme le *P. cinerea*. Il y aurait à vérifier si c'est bien la même espèce ; il paraît cependant vraisemblable qu'il n'en est rien, car ce botaniste n'est pas arrivé jusqu'ici à obtenir la germination de ces conidies. D'après le même auteur, l'appareil conidien du *P. sclerotiorum* serait toujours rudimentaire.

En 1879, Hamburg observa près de Leipzig des graines de Colza recouvertes d'un *Botrytis*. Ayant étudié cette végétation, il vit se produire des sclérotes qui engendrèrent une Pézize d'un jaune brun que l'auteur rattacha au *P. cibarioides*. Il a confirmé ce résultat en infectant des Trèfles sur lesquels se développe d'ordinaire ce Champignon. Rehm, qui avait étudié le développement du précédent parasite,

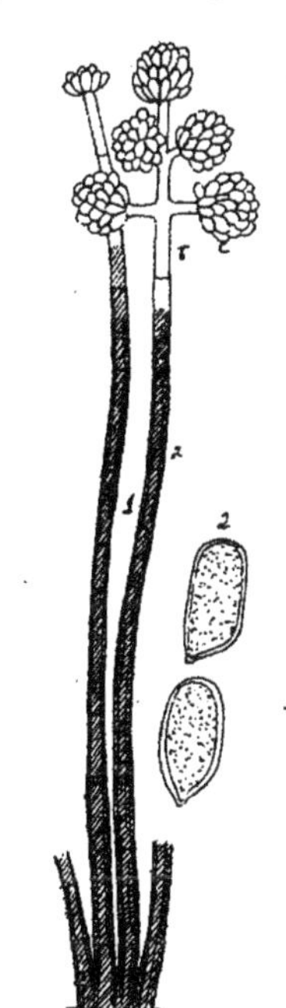

Fig. 109. — *Polyactis fascicularis.* — 1, *a,* pied *b,* tête sporifère ; 2, spores (d'après Corda).

ne connaissait pas la forme *Botrytis* ou *Polyactis*, il n'avait observé que les sclérotes.

---

(1) On obtient ces résultats en opérant sur des feuilles de Vigne ou de Châtaignier chauffées de façon à détruire les spores étrangères ; après le semis d'ascopores, on a exclusivement des sclérotes ; avec les conidies on peut avoir le Polyactis et les sclérotes.

(2) *Mykologische Untersuchungen. Entwickelung der Ascomyceten,* 1876.

Développement de l'appareil conidien. — D'après Hoffmann, la germination du *Polyactis cinerea* commence à 1°,6. La tige principale, portée sur un mycélium qui présente des suçoirs, pousse bientôt un certain nombre de branches latérales parmi lesquelles les plus inférieures sont en même temps les plus ramifiées. Les extrémités de la pousse principale et des branches s'arrondissent et bourgeonnent de manière à donner naissance à un certain nombre de spores. Les filaments deviennent cendrés en vieillissant sans que leur membrane cesse d'être homogène. A la maturité, le filament terminal ainsi que les branches latérales se dessèchent et deviennent à peine reconnaissables. Les cellules du pied restent vivantes, et s'allongent alors en un nouveau filament qui peut rester simple ou donner des ramifications latérales. Ce phénomène de renouvellement peut se répéter plusieurs fois sur un même pied, et, sur un échantillon âgé, on voit les traces des anciennes branches qui apparaissent comme des sortes de glandes.

Cet appareil conidien ne se forme que pendant la nuit, ainsi que l'a montré Ludwig (1). La moitié rouge du spectre hâte cette formation, la moitié violette la retarde et même l'empêche complètement. Ces deux actions se compensent à la lumière du jour; dans la lumière d'une lampe, la lumière rouge domine, aussi observe-t-on un développement. L'obscurité favorise la formation des spores.

Fig. 110. — *Cristularia granuliformis.* — 1, *a*, ramification de la plante; *b*, derniers ramuscules présentant une crête; 2, *a*, spores encore fixées sur les rameaux (d'après Saccardo).

Cristularia Saccardo (2) (crête).

Filaments stériles rampants. Filaments fertiles ramifiés et portant à leur extrémité les spores sur une crête dentée ou digitée.

(1) Ueber die Ursachen der ausschliesslich natürlichen Sporen Bildung von B. cinerea (*Bot. Zeit.*, 1885, p. 6).
(2) *Syll. fung.* IV, p. 134.

Cinq espèces sont rattachées à ce genre : *C. granuli-formis*, etc.

Nodulisporium Preuss (1) (spores apparaissant sur des nodosités).

Phymatotrichum Bonorden (2) (filament à excroissance, à tumeur).

Filaments stériles rampants. Filaments fertiles ramifiés, légèrement renflés à leur extrémité couverte de spicules supportant les spores.

Espèces principales : *N. laneum*, etc.

Ce genre sert de transition entre les *Botrytis* les *Acmosporium* et les *Botryosporium*. Dans les *Acmosporium*,

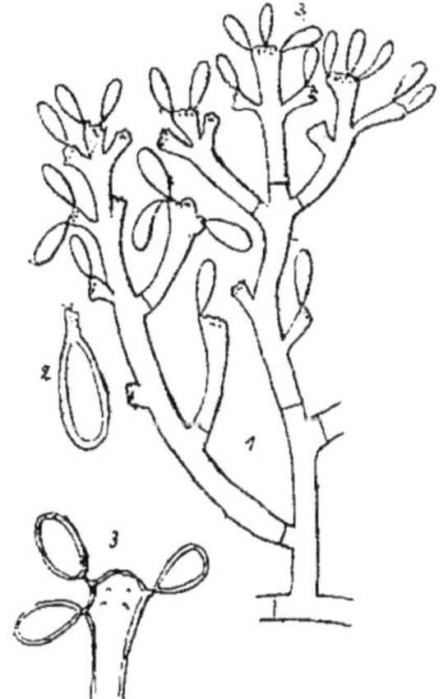

Fig. 111. — *Nodulisporium album.* — 1, port de la plante ; *a*, spore. — 2, 3, *Nodulisporium ochraceum.* — Partie fructifère grossie (d'après Preuss).

Fig. 112. — *N. (Phymatotrichum) laneum.* — *a*, extrémités des rameaux légèrement renflées ; *b*, spores (d'après Bonorden).

dont il se rapproche surtout, la ramification est absolument la même, mais les extrémités sont tout à fait renflées en

(1) *Uebers. Pilz. Hoyersw*, n. 73.
(2) *Handb. der. allg. Myk* , p. 116.

sphère. Nous avons donc cru devoir maintenir les *Nodulisporium*, mais en retranchant le *N. pyramidale* qui s'éloigne de toutes les autres espèces par son mode de ramification; les branches principales y portent, en effet, de très nombreux et très courts ramuscules à peu près égaux qui sont surmontés d'un nombre variable de sphères qui portent les spores. Cette organisation est celle des *Botryosporium*.

Spicularia Persoon (1) (spicule, aiguillon).

Filaments rapprochés en touffes assez lâches. Filaments fructifères dressés, cloisonnés de 2 millimètres de hauteur, jaunâtres, portant à leur sommet non renflé un capitule de rameaux divergents au nombre de six environ, écartés les uns des autres, fusiformes et formés d'une cellule. Ces rameaux portent à leur sommet soit directement le capitule de spores, soit une cellule courte, pointue vers la base, arrondie vers le haut, qui supporte les organes reproducteurs, soit deux cellules semblables à la précédente, écartées en dichotomie. Spores groupées en capitules (une dizaine) incolores, avec une pointe par laquelle elles s'attachent; nombreuses gouttelettes huileuses à l'intérieur.

Fig. 113. — *Spicularia Icterus.* — *a*, pied fructifère; *b*, capitule de rameaux; *c*, dernières dichotomes portant les spores; *e*, spores grossies (d'après Fuckel).

Observation. — Fuckel (2) regarde ce Champignon comme étant la cause d'une maladie des feuilles de la Vigne. Ce mycologue l'a observé sur les bords du Rhin, où il cause fréquemment de grands dégâts. Selon lui, c'est la même maladie qui a été signalée dans le sud de la France (1869). La maladie se reconnaît à l'aspect jaunâtre que prennent les grappes de

(1) *Mycol. europ.*, I, p. 38.
(2) Fuckel, *Symbolæ mycologicæ*, p. 359.

la Vigne peu de temps après la floraison; des taches apparaissent sur les feuilles et sur ces taches le *Spicularia Icterus* existe toujours. La grappe perd ses feuilles et le grain ne mûrit pas (1).

Tolypomyria Preuss (2) (multitude de glomérules).

Mycélium cloisonné, rampant. Filaments fructifères dres-

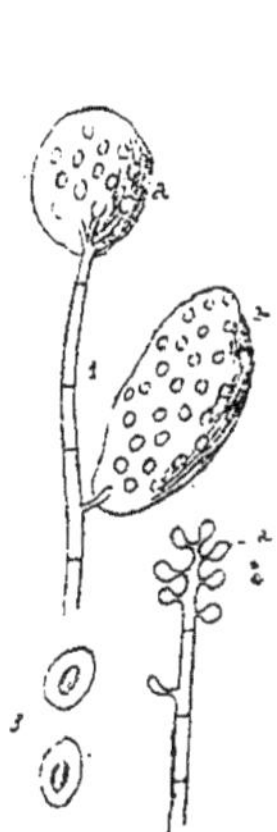

Fig. 114. — *Tolypomyria microspora.* — 1, port général; *a*, masses sporifères gélifiées, agglomérées en capitules; 2, tête sporifère dénudée; 3, spores entourées de la gaine gélatineuse (d'après Corda).

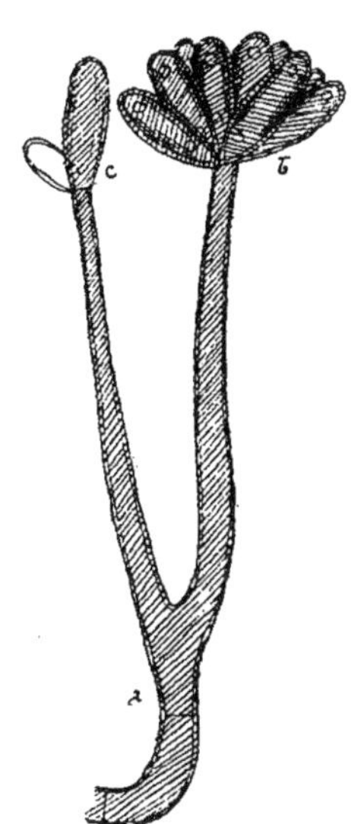

Fig. 115. — *Synsporium biguttatum.* — *a*, filament fructifère ramifié; *b*, spores en capitule; *c*, ébauche d'un capitule (d'après Preuss).

sés, cloisonnés, simples à la base, irrégulièrement ramifiés à la partie supérieure. Les rameaux secondaires sont renflés

(1) Dans le mémoire de Brefeld cité plus haut, p. 131, on trouve sa description du *Sebacina incrustans* qui présente des formes conidiales se dressant sur l'hymenium et pouvant rentrer dans la définition des *Spicularia*.

(2) *Uebers. Pilze Umg. Hoyerswerda*, n° 8.

au sommet et portent des glomérules de spores. Les spores gélifient leur membrane dans la partie extérieure ; tous ces mucilages se fondent bientôt en une masse à contour irrégulier; ces spores sont incolores, globuleuses ou ovales.

Les espèces de ce genre peuvent être regardées comme des *Botrytis* à spores entourées d'un mucilage (1). Trois espèces connues : *T. alba, prasina* et *microspora*.

Synsporium Preuss (2) (spores groupées).

Mycélium rampant. Filaments fertiles groupés, dressés, cloisonnés, ramifiés, noirs. Rameaux portant à leur extrémité des capitules de grandes spores noires, ovoïdes non cloisonnées.

Les représentants de ce genre sont des *Acrotheca* ramifiés. Une seule espèce connue : *S. biguttatum*.

Haplaria Link (3) (simple filament).

Filaments stériles rampants. Filaments fertiles présentant un petit nombre de bifurcations, dressés, incolores et portant vers l'extrémité des branches, et insérées latéralement, des spores globuleuses, sessiles et incolores.

Sept espèces sont actuellement connues : *H. grisea, repens, brevis*, etc. La forme conidienne de l'*Ecchyna (Pilacre) Petersii* étudiée par M. Brefeld et ses collaborateurs pourrait se rattacher à la définition du genre actuel (4).

Campsotrichum Ehrenberg (5) (filament courbé).

Filaments enchevêtrés, couchés, ramifiés, à rameaux

---

(1) Peut-être cette plante a-t-elle quelques rapports avec les Myxomycètes à plasmodes agrégés tels que les *Polysphondylium*. Il faut cependant remarquer que chez ces derniers le pied est formé non d'une file d'amibes, mais d'un massif allongé.

(2) *Loc. cit.*, p. 74.

(3) *Observ.*, I, p. 9.

(4) *Protobasidiomyceten*, pl. III.

(5) *Syl. Myc. Berol.*, p. 11.

crochus ou flagelliformes, ou à pointe simplement redressée. Spores noires, éparses sur les rameaux horizontaux comme de simples bourgeonnements ou groupées vers le sommet des branches.

Genre assez mal défini, se rapprochant des *Trichosporium* dont il diffère par son aspect plus couché ; les différentes

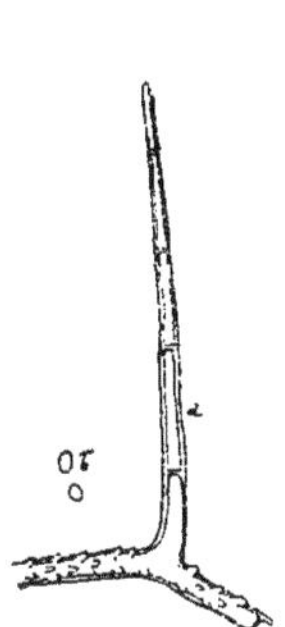

Fig. 116. — *Campsotrichum cinnamomeum.* — Filament fructifère produisant les spores *a; b,* spores tombées (d'après Corda).

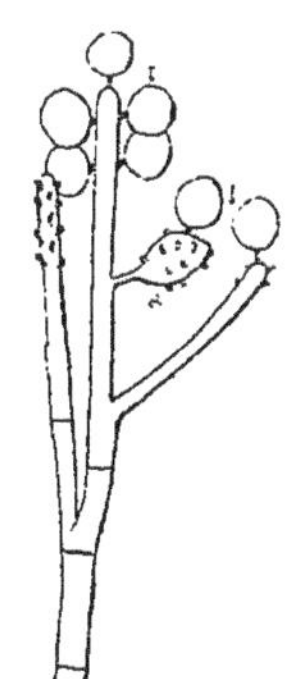

Fig. 117. — *Physospora rubiginosa.* — *a,* parties terminales renflées ; *b,* spores (d'après Saccardo).

espèces forment des taches noires élargies à la surface des feuilles. Espèces principales : *C. cinnamomeum*, etc.

Physospora Fries (1) (spore vésiculeuse).

Filaments fructifères irrégulièrement ramifiés, le plus souvent recourbés, réfléchis vers le bas, renflés souvent en articles turgescents. Spores fixées sur ces articles (renflés ou non) par des stérigmates étroits qui restent attachés au rameau après la chute de la spore. Spores grosses, sphériques, présentant une légère nuance rouille comme les filaments.

Deux espèces connues : *Phy. rubiginosa* et *ferruginea.*

(1) *Summa vegetabil. sc.*, p. 495.

Glenospora Berk et Curt (1) (spore à aspect d'œil).

Mycélium se développant sous forme de croûte noire à la surface des feuilles et des tiges. Filaments fructifères un peu relevés, cloisonnés, brunâtres, un peu ramifiés, à rameaux courts, portant soit à l'extrémité, soit au voisinage

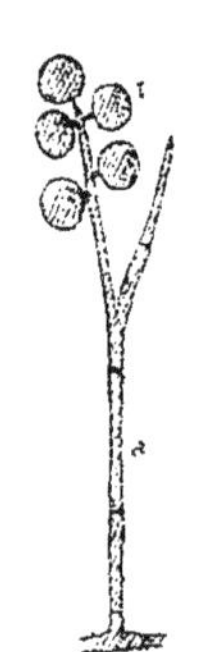

Fig. 118. — *Glenospora Curtisii.*
— *a*, filament fructifère ; *b*,
spores (d'après Saccardo).

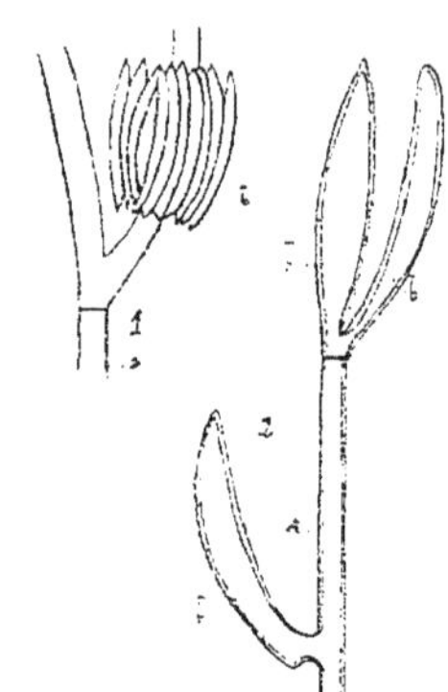

Fig. 119. — *Menispora glauca.* — 1. *b*, paquet de spores ; 2, *a* filament fructifère ;
b, figures indiquant le mode de développement des spores (d'après Corda).

du sommet des spores légèrement pedicillées. Spores sphériques, d'un brun olivacé.

Deux espèces connues : *G. Curtisii* et *ramosum.*

Menisp ora Persoon (2) (spore en croissant).

Filaments stériles rampants, peu développés. Filaments fertiles dressés, cloisonnés, brunâtres dans la partie inférieure, incolores dans la partie supérieure qui est plus ou moins ramifiée. Les spores peuvent naître soit à l'extrémité, soit sur le côté des rameaux ; il s'en produit quelquefois plusieurs au même point d'un rameau (le mode de formation n'a pas été décrit), car on les voit groupées en fascicules.

(1) *North Americ. Fungi.* n° 1002.
(2) *Mycol. europ.*, I, p. 32.

Les spores sont réunies entre elles, dans ce cas, par un mucilage produit par la membrane de la spore. Fréquemment aussi les spores restent isolées, non cloisonnées, incolores ou légèrement cendrées, en forme de croissant et terminées à chaque extrémité, dans quelques espèces, par un cil gélatineux.

Ce genre comprend deux groupes :

Eu-Menispora, à conidies non ciliées, exemple : *M. cæsia, glauca*, etc.

Eriomene, à conidies ciliées aux deux extrémités, *M. ciliata*, etc.

Rhinocladium Saccardo et Marchal (1) (rameaux à denticulations).

Filaments fertiles noirâtres, ramifiés en dichotomies plus ou moins irrégulières, dressés, portant vers l'extrémité des derniers ramuscules des spores latérales et terminales disposées sur des denticulations. Spores globuleuses ou ovales, noirâtres.

Deux espèces sont actuellement connues : *R. coprogenum, R. torulosum*.

Fig. 120. — *Rhinocladium torulosum*. — *a*, filament ramifié; *b*, spores (d'après Bonorden).

Trichosporium Fries (2) (poil portant les spores).

Mycélium rampant, un peu ramifié, brunâtre ou peu coloré. Spores insérées à l'extrémité et sur les côtés des rameaux couchés ou légèrement relevés. Spores ovoïdes noires ou rarement peu colorées.

Le *Trichosporium fuscum* est fréquemment associé aux *Rosellinia aquila*.

Chætopsis Greville (3) (aspect de soie).

Filaments dressés grisâtres ou noirâtres, simples, présen-

(1) *Champ. coprop. de Belg.*, p. 33.
(2) *Summa veget.*, p. 492.
(3) *Scot. cryptog. flora*, pl. CCXXXVI.

tant des branches fructifères vers le milieu. Rameaux fructifères courts, souvent presque verticillés à différentes hau-

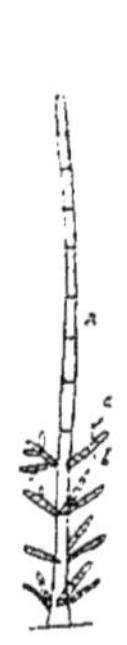 

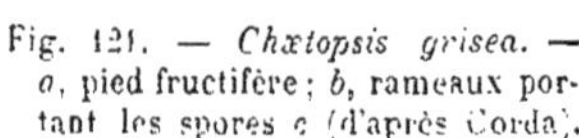

Fig. 121. — *Chætopsis grisea.* —
a, pied fructifère ; *b*, rameaux portant les spores *c* (d'après Corda).

Fig. 122. — *Mesobotrys.* — *a*, pied ;
b, rameaux fructifères ; *c*, spores ; *d*.
rameaux infertiles (d'après Saccardo).

teurs et portant les spores latéralement ou à l'extrémité.
Spores cylindriques, en forme de bâtonnets, incolores.

Deux espèces sont connues : *C. grisea* et *stachyobola*.

Mesobotrys Saccardo (1) (grappe médiane).

Filaments dressés et portant seulement au milieu des
rameaux latéraux courts. Ces rameaux fructifères sont souvent régulièrement verticillés, ils portent les spores. Spores
incolores et ovoïdes.

Trois espèces sont décrites : *M. fusca, macroclada* et
graminicola.

Cladorrhinum Saccardo et Marchal (2) (rameau
à denticulations).

Filaments rampants plus ou moins ramifiés, cloisonnés,
noirâtres et portant, vers les extrémités des rameaux, des

(1) *Michelia,* II, p. 27.
(2) *Champignons coprophiles de Belgique.* p. 32.

denticulations sur lesquelles s'insèrent les spores. Spores globuleuses, incolores.

Une espèce se rattache à ce genre : *C. fœcundissimum.*

Cladosporium Link (1) (rameau sporifère).

Filaments fructifères dressés ou penchés, quelquefois presque couchés, olivâtres ou d'un jaune verdâtre foncé, portant à leur extrémité ou dans le voisinage de la pointe des spores ovoïdes, simples d'abord, puis présentant une cloison. Ces spores peuvent, dans certains cas, présenter plus d'une cloison; les cellules ainsi découpées peuvent devenir distinctes mais non séparées, de sorte que les spores paraissent disposées en chapelet.

De nombreuses espèces ont été rattachées à ce genre jusqu'ici assez mal défini.

Forme parfaite. — Tulasne (2) avait annoncé que le *Pleospora herbarum* est la forme parfaite du *Cladosporium herbarum.* En 1875, Gibelli et Griffini (3) sont arrivés à un résultat différent: d'après eux, il y aurait à distinguer deux espèces de *Pleospora*, l'une donnant une forme conidienne rappelant un *Sarcinella*, l'autre une forme conidienne rappelant un *Alternaria*. M. Banke (4) pense qu'il n'y a pas lieu de créer ces deux espèces, car les spores d'un même périthèce pourraient donner, selon lui, des *Alternaria* ou des *Sarcinella* et des périthèces, mais le mycélium issu d'une forme imparfaite ne donnerait jamais que la Mucédinée correspondante. Kohl (5) est arrivé à des conclusions un peu différentes, de sorte qu'il est difficile de se prononcer d'une

(1) *Species Hyph. et Gymn.*, I, p. 39.
(2) *Selecta Carpologia fung.*, II, p. 261.
(3) Sul polimorfismo della Pleospora herbarum (*Arch. del laborat. di bot. crittog. in Pavia*, I, p. 53).
(4) Zur Entwickelungsgeschichte d. Ascomyc. (*Bot. Zeit.*, 1877, p. 313). Beiträge zur Kenntniss der Pycniden (*Nova Acta Leop.*, vol. XXXVIII, 1876).
(5) Ueber den Polymorphismus von Pleospora herbarum (*Botanisches Centralblatt*, 1883, t. XVI, p. 26).

manière définitive à l'heure actuelle sur l'histoire des *Pleospora*. Un fait résulte cependant de toutes ces recherches, c'est qu'il n'y a aucune relation entre les *Cladosporium* et les *Pleospora*. Les affinités des *Cladosporium* sont donc inconnues.

Développement des spores. — Le *Cladosporium herbarum* est donc un Champignon qui doit être ajouté à la liste déjà longue de tous les autres qui n'ont pas donné, après de très nombreuses cultures, de forme parfaite. Le *Cladosporium herbarum* de Link est identique au *Dematium pullulans* de de Bary (1). La spore, en germant, donne un filament qui se ramifie plus ou moins ; bientôt sur les articles de ces filaments on voit apparaître un certain nombre de mamelons, deux, quatre, quelquefois plus sur une cellule. Ces cellules s'isolent et germent en bourgeonnant indéfiniment à la manière des levures (2). C'est ce qui a amené un certain nombre d'auteurs à regarder certains *Saccharomyces* comme faisant partie du cycle de développement du *Cladosporium herbarum* (3), mais la démonstration rigoureuse n'a pas été réellement donnée.

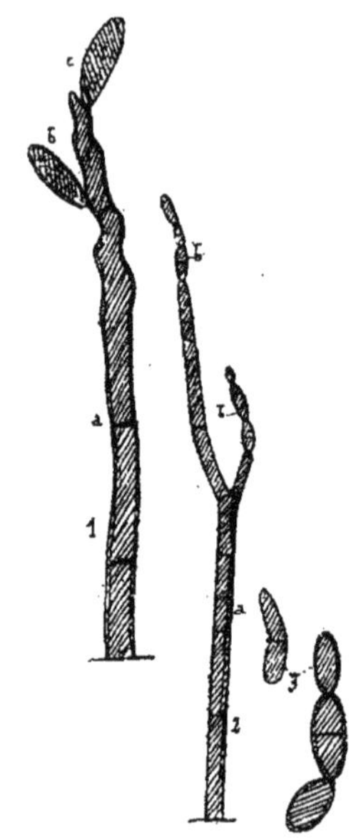

Fig. 123-124. — *Cladosporium.* — 1, filament simple de *Cladosporium a;* b, spores ; 2, filament ramifié de *Cladosporium herbarum ;* 3, spores isolées (d'après Saccardo).

(1) *Morph. und Phys. der Pilze*, p. 182.
(2) Löw. Ueber Dematium pullulans de Bary (*Pringsheim's Jahrb. f. wiss. Bot.*, t. VI, 1867).
(3) Cuboni, *Sulla probabile origine dei Saccaromicete*, 1885.

Diplosporium Bonorden (1) (spore double).

Filaments stériles rampants. Filaments fertiles irrégulièrement ramifiés, terminés à leur partie supérieure par une spore incolore, ovoïde ou oblongue, présentant une cloison.

Quatre espèces sont connues : *D. album, flavum*, etc.

Blastotrichum Corda (2) (filaments à graines).

Filaments rampants ou ascendants, ramifiés, à rameaux plus ou moins entremêlés, se terminant par des spores solitaires incolores comme eux. Spores oblongues, ovales ou fusiformes, présentant deux ou plusieurs cloisons parallèles entre elles, incolores ou faiblement colorées.

Ce genre exigerait peut-être une diagnose plus nette.

Dactylaria Saccardo (3) (voisin des Dactylium).

Champignon saprophyte. Filaments stériles peu développés. Filaments fertiles dressés, simples, portant à leur sommet un capitule de spores. Spores incolores ou faiblement colorées, présentant plusieurs cloisons parallèles entre elles.

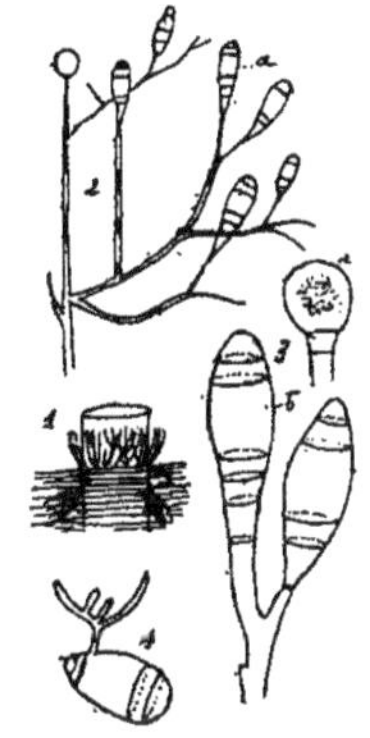

Fig. 125. — *Blastotrichum confervoides.* — 1, port de la plante, filaments se développant dans l'eau ; 2, filament fructifère ; *a*, spore ; 3, développement des spores ; *a*, début ; *b*, spore adulte ; 4, germination de la spore (d'après Corda).

Les *Dactylella* présentent les caractères des *Dactylaria* avec les spores non en capitule.

Cinq espèces sont décrites : *D. purpurella, candida*, etc.

(1) *Handbuch der allg. Myk.*, p. 98.
(2) *Icones fungorum*, II, p. 10, fig. 50.
(3) *Michelia*, II, p. 20.

Dematium Persoon (1) (fascicule). *Sporodum* Corda.

Filaments stériles rampants, peu développés. Filaments fertiles dressés, simples ou peu ramifiés, cloisonnés, brunâtres ou noirâtres. Rameaux latéraux terminés par des chapelets de spores. Spores unicellulaires, noirâtres.

Neuf espèces se rattachent à ce genre : *D. hispidulum*, etc.

Le *Dematium hispidulum* Pers. ou *Sporodon conopleoides* Corda se développe sur les feuilles pourrissantes de l'*Arundo Donax ;* les filaments sortent par les stomates.

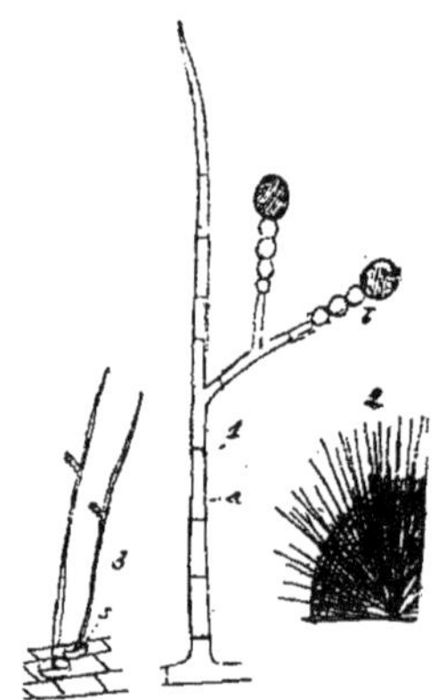

Fig. 126. — *Dematium hispidulum.* — 1, *a*, filament fructifère ramifié terminé par des chapelets de spores *b ;* 2, aspect de la plante (d'après Saccardo) ; 3, filaments sortant des stomates (d'après Corda).

Forme parfaite. — Fuckel pense que le *Sporodon conopleoides* est une forme imparfaite d'un *Chætomium.*

Prophytroma Sorokin (2) (graine qui tremble).

Filaments stériles rampants. Filaments fertiles courts, peu ramifiés, dressés, portant au sommet deux à quatre spores en chapelet. Spores globuleuses noirâtres, unicellulaires, réunies par des isthmes cylindriques pénétrant dans les spores.

Une seule espèce connue : *P. tubularis.* Champignon gris jaunâtre. A l'extrémité de la branche, il se forme une cellule arrondie et l'extrémité du rameau y pénètre comme une columelle dans un sporange de *Mucor ;* ceci se répète

(1) *Tentamen dispositionis methodicæ fungorum*, p. 41, 1797.
(2) *Hedwigia*, 1877, p. 87, *Vorläufige Mittheilung über zwei neue mikroscopische Pilze.*

plusieurs fois. La dernière cellule de la chaîne est susceptible de germination.

Diplococcium Grove (1) (graine double).

Filaments fertiles dressés, cloisonnés, ramifiés, olivâtres
et portant à leur extrémité ou
sur les côtés des chapelets de
spores. Spores fréquemment
fixées sur une cellule courte basidifère. Filaments quelquefois rapprochés les uns des
autres de façon à simuler une
sorte de pinceau. Spores colorées, lisses ou verruqueuses,
présentant une cloison.

Cinq espèces sont connues :
D. Resinæ, etc.

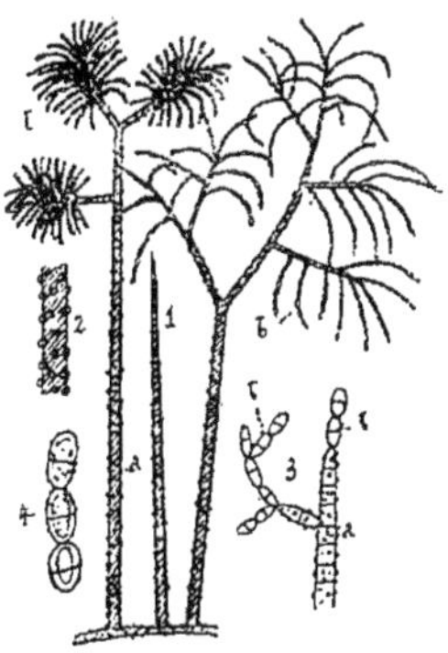

Cladotrichum Corda (2)
(filament ramifié).

Fig. 127. — *Diplococcium Resinæ.* —
1, port de la plante ; *a*, pied ; *b*, chapelets de spores ; 2, filament couvert d'échinulations qui caractérisent
l'espèce ; 3, extrémité fructifère grossie ; *b*, spores ; 4, chapelet de spores
(d'après Corda).

Filaments fertiles dressés ra-
mifiés, noirâtres et renflés de place en place au-dessous
des cloisons. Spores noires, terminales, disposées en chapelets, bicellulaires à la maturité. Chapelets quelquefois très
courts ou nuls.

Dix-neuf espèces ont été décrites qui se rattachent à
deux types ; les uns, *C. polysporum*, etc., ont des chapelets
de spores bien nets ; les autres, *C. glenosporoides*, etc., ont
des spores solitaires.

Forme parfaite. — Le *Cladotrichum polysporum* serait
l'état conidial du *Chætosphæria fusca*.

(1) *New or notev. Fung.*, II, p. 13.
(2) *Icones fung.*, IV, p. 27.

Dendryphium Wallroth (1) (arbuscule).

Filaments stériles rampants, souvent peu visibles. Filament fertiles dressés, ramifiés à la partie supérieure et terminés par des spores disposées en chapelet. Spores noires, présentant plusieurs cloisons parallèles entre elles.

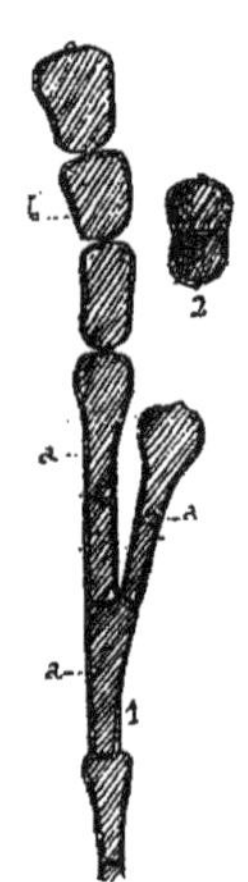

Fig. 128. — *Cladotrichum polysporum.* — 1, *a*, filament fructifère ramifié à cellules en massue; *b*, chapelet de spores; 2, spore isolée et divisée en deux cellules.

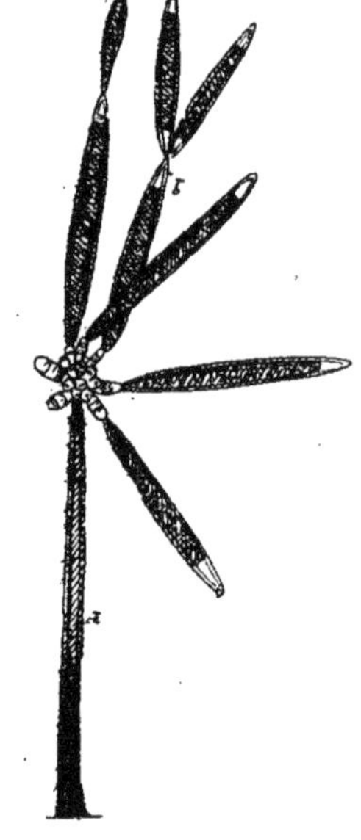

Fig. 129. — *Dendryphium atrum.* — *a*, pied fructifère; *b*, chapelet de spores cloisonnées (d'après Corda).

Dix-huit espèces ont été rattachées à ce genre : *D. atrum, penicillatum*, etc.

Forme parfaite. — Tulasne a montré que le *Dendryphium penicillatum* est l'état conidien du *Pleospora pellita* (2).

(1) *Flora cryptogamica Germaniæ*, II, p. 300.
(2) *Selecta carp. fung.*, III, p. 268.

NEUVIÈME GROUPE (1).

Sarcopodium Ehrenberg (2) (pied charnu).

Filaments stériles dressés, simples, tordus ou droits, entièrement bruns ou bruns seulement à la base, assez élevés. Filaments fertiles courts, dressés, unicellulaires, parallèles les uns aux autres, mélangés aux filaments stériles et se terminant par une spore. Spore petite, arquée ou en bâtonnet, incolore ou colorée.

Six espèces sont rattachées à ce genre : *S. fuscum, roseum,* etc.

Forme parfaite. — Saccardo regarde plusieurs de ces espèces comme des états conidiens des *Tapezia,* qui sont des Discomycètes.

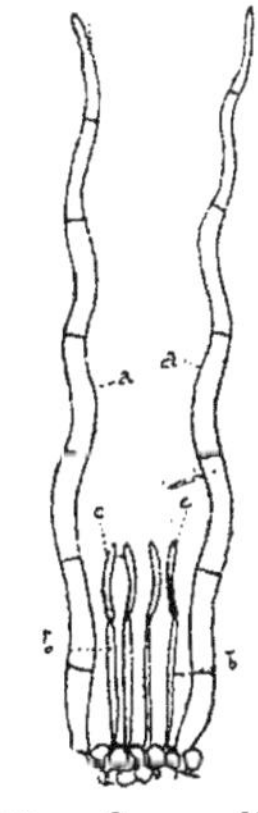

Fig. 130. — *Sarcopodium fuscum.* — *a,* filaments stériles ; *b,* basides fructifères ; *c,* spores (d'après Saccardo).

Ellisiella.

Ce genre, voisin du précédent, s'en distingue par son mode de vie ; ces Champignons se développent sous les écorces. Ils ne rentrent donc pas dans le groupe actuellement étudié. Ils présentent des poils stériles noirs et des basides incolores

(1) Voir p. 19.
(2) *Sylvæ mycologicæ berolinenses,* Berolini, 1818, p. 12 et 23.

surmontées par des spores incolores et fusiformes. Ces espèces se rattachent probablement aux Basidiomycètes.

Les *Chætostroma* sont voisins des genres précédents, mais forment de petites masses arrondies et se relient par ce caractère au groupe des Tuberculariées.

Zygosporium Montagne (1) (spores par couple).

Filaments stériles rampants, cloisonnés, noirâtres. Filaments dressés (stériles sauf à la base) présentant une cloi-

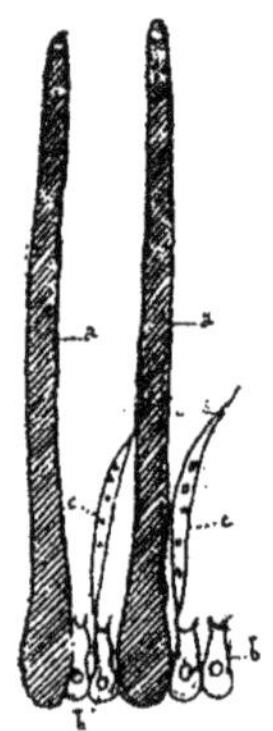

Fig. 131. — *Ellisiella caudata.* — *a*, filaments stériles; *b*, basides fructifères : *c*, spores (d'après Saccardo).

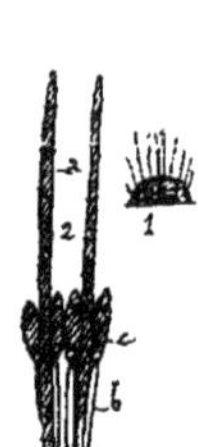

Fig. 132. — *Chætostroma hysterioides.* — 1, port de la plante; 2, un fragment grossi; *a*, filaments stériles ; *b*, basides; *c*, spores.

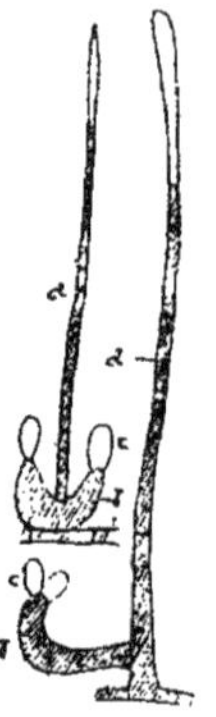

Fig. 133. — *Zygosporium oscheoides.* — *a*, partie stérile noire à pointe incolore ; *b*, rameau basidifère redressé ; *c*, spores (d'après Corda).

son, quelquefois unicellulaires, dont la partie inférieure est toujours noirâtre, la partie supérieure incolore et un peu renflée. A la base de ces filaments se forment de courts rameaux noirâtres, horizontaux puis redressés, un peu renflés vers l'extrémité et portant une ou deux spores. Spores ovales, pellucides.

La seule espèce connue, *Z. oscheoides*, se développe sur les feuilles mortes de *Pandanus* et de divers Palmiers.

(1) Ramon de la Sagra, *Hist. nat. de Cuba, cryptog.*, p. 303, pl. XI, fig. 2.

Helicotrichum Nees von Esenbeck (1) (poil enroulé).

Filaments stériles simples, dressés, noirâtres, cloisonnés et enroulés en crosse à leur partie supérieure. Entre les filaments précédents se dressent de courts filaments fertiles, unicellulaires, brunâtres et portant à leur partie supérieure une spore. Spore incolore, allongée, unicellulaire.

Une seule espèce est connue, l'*H. obscurum*.

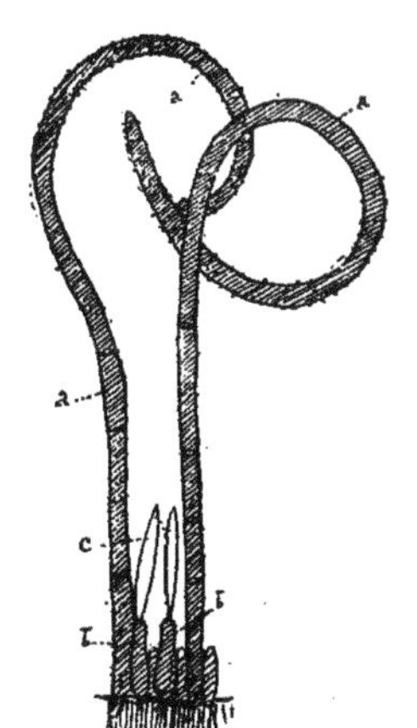

Fig. 134. — *Helicotrichum obscurum*. — *a*, filaments stériles; *b*, basides fructifères; *c*, spores (d'après Saccardo).

Botryotrichum Saccardo et Marchal (2) (grappe-filament).

Filaments stériles dressés, simples, cloisonnés, un peu noirâtres. Filaments fertiles naissant à la base des filaments stériles, plus ou moins ramifiés et portant des spores incolores, sphériques.

Une seule espèce connue : *B. piluliferum*.

Circinotrichum Nees von Esenbeck (3) (filament en crosse) *Campsotrichum*.

Filaments stériles dressés, ramifiés en dichotomie, presque entièrement noirâtres, incolores à l'extrémité. Filaments fertiles simples, unicellulaires, courts, incolores, portant à leur extrémité une spore incolore en bâtonnet.

Deux espèces se rattachent à ce type : *C. podospermum* et *C. inops*.

(1) *Acta nat. cur.*, IX, p. 246, 1818.
(2) *Champ. coproph. de Belgique*, p. 34.
(3) *Das Syst. der Pilze*, p. 19, 1816.

Ceratocladium Corda (1) (rameaux en corne).

Filaments dressés cloisonnés, ramifiés, rigides ; les derniers ramuscules, minces, infertiles, nus et noirâtres. Pied au contraire légèrement renflé et couvert de basides courtes,

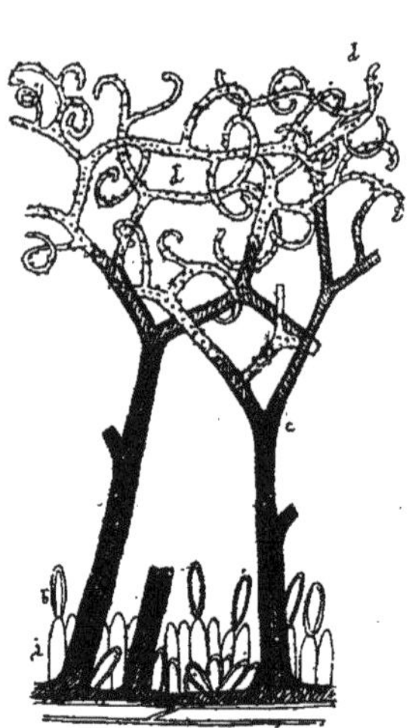

Fig. 135. — *Circinotrichum podospermum.* — *a*, basides fructifères terminées par une spore *b ; c*, filament stérile ramifié à sa partie supérieure et hérissé de verrues (d'après Corda).

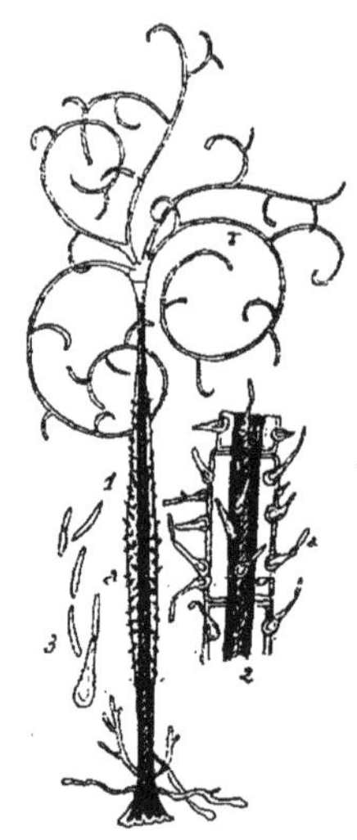

Fig. 136. — *Ceratocladium microspermum.* — 1, 'tige fructifère ; *a*, partie fructifère ; *b*, partie stérile ; 2, partie fructifère grossie ; *a*, spore ; 3, basides fructifères et spores isolées (d'après Corda).

cylindriques, unicellulaires, qui bourgeonnent et qui se terminent par des spores cylindriques, incolores.

Une seule espèce connue, le *C. microspermum*, se développe sur les rameaux tombés de *Carpinus*.

Bolacotricha Berkeley et Broome (2) (filaments en bloc, en masse).

Filaments stériles dressés, simples, cloisonnés, rougeâtres,

(1) *Pracht-Flora*, p. 40, pl. XX.
(2) *Annals of nat. hist.*, n° 506, pl. V, fig. 4.

enroulés en crosse à leur extrémité. Filaments fertiles portant des glomérules de spores (peut-être une membrane entoure-t-elle ces masses sporifères). Spores globuleuses incolores.

Une seule espèce connue:
B. grisea.

Myxotrichum Kunze(1)
(filaments mucilagineux).

Deux sortes de filaments. Filaments stériles, simples sur une grande longueur, généralement enroulés en crosse, noirâtres, ramifiés seulement à leur base. Filaments fertiles naissant sur cette partie inférieure, ramifiés, noirâtres et portant des glomérules de spores sur leurs dernières ramifications.

Dix-sept espèces de ce genre ont été décrites : *M. chartarum, glaucum,* etc.

Affinités. — D'après Saccardo(2), il n'y aurait aucun doute sur la nature de ces Champignons qui ont été

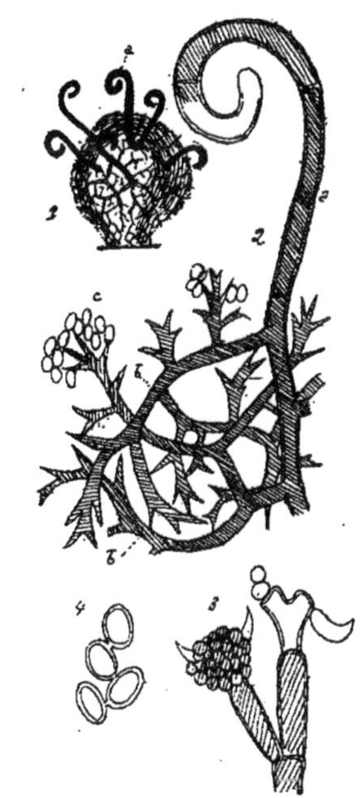

Fig. 137. — *Myxotrichum chartarum.* — 1, aspect général ; a, partie filamenteuse stérile en crosse ; 2, parties fructifère et stérile grossies ; a, filament stérile en crosse ; b, partie fructifère ramifiée ; c, spores ; 3, glomérule sporifère grossi ; 4, spores isolées (d'après Preuss et Corda).

rangés provisoirement parmi les Mucédinées ; en effet, les glomérules de spores seraient à l'origine entourés d'une membrane. Les spores étant endogènes, si le mycélium ne présentait pas de cloisons, il en résulterait que la véritable place de ces Champignons serait à côté des Mucorinées.

(1) Schmidt, *Mykolog. Hefle nebst allg. bot. Anzeiger.* Leipzig, II, p. 103.
(2) *Syll. fung.,* IV, p. 317.

La démonstration rigoureuse de cette affirmation reste encore à donner (1).

Fuckel a exprimé une manière de voir très différente. Ces Champignons seraient des états conidiens de *Chætomium* (2).

Le *M. chartarum* serait l'état conidial du *Ch. Freberi*, le *M. Resinæ*, l'état conidial du *Ch. depressum*.

Beltrania Penzig (3) (Beltrani, mycologue).

Filaments stériles dressés, rigides, olivâtres, cloisonnés. Filaments fertiles courts, dressés, unicellulaires, un peu en forme de massue, à base un peu plus étroite que le sommet ; sommet portant directement ou par l'intermédiaire de stérigmates ovoïdes, légèrement renflé les spores solitaires ou en petit nombre. Spores bicellulaires rhomboïdales, brunes, fixées sur des cellules ovoïdes qui s'attachent sur la baside.

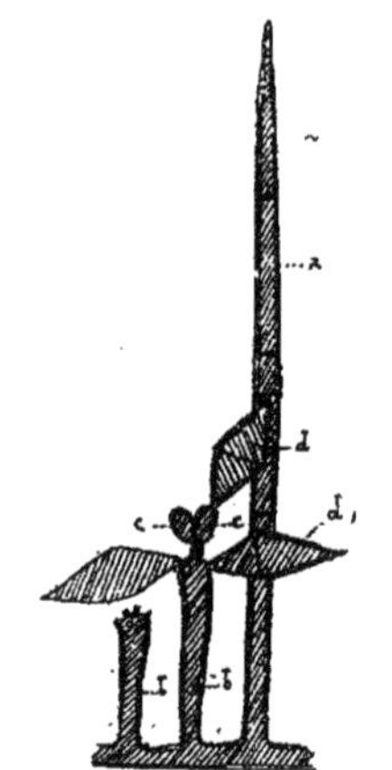

Fig. 138. — *Beltrania rhombica.* — *a*, filament stérile ; *b*, filament fructifère portant des spores *d ; c*, sortes de stérigmates (d'après Saccardo).

Deux espèces sont connues : *B. rhombica* et *querna*.

Septosporium (Corda) (4) (spore cloisonnée).

Filaments dressés de deux sortes, les uns allongés, simples, cloisonnés, noirâtres au moins dans la partie inférieure, et stériles ; les autres plus courts, naissant à la base des premiers et terminés par une spore. Spore ovoïde ou piriforme,

---

(1) Church (*Note on Myxotrichum Chartarum, Ann. mag. nat. hist.*, IX, 1862, p. 32) signale les affinités de ce genre avec les Helicosporium. Il décrit de petits sacs minces et mous qui éclatent en spores à la maturité. Voir également : Preuss, *Litteralische Gegenbemerkung (Bot. Zeit.*, 1852, p. 502).

(2) *Symbolæ mycologicæ*, p. 90.

(3) *Nuovo Giorn. bot. Ital.*, XIV, 2.

(4) Sturm, *Deutschlands Flora*, pl. XVII.

noire, cloisonnée dans deux directions rectangulaires, composée d'un massif de cellules.

Neuf espèces ont été rattachées à ce genre : *S. bulbotrichum, atrum,* etc.

Trichægum Corda (1) (poil de chèvre).

Champignon formant des touffes quelquefois assez denses. Filaments dressés stériles à leur partie supérieure. Spores

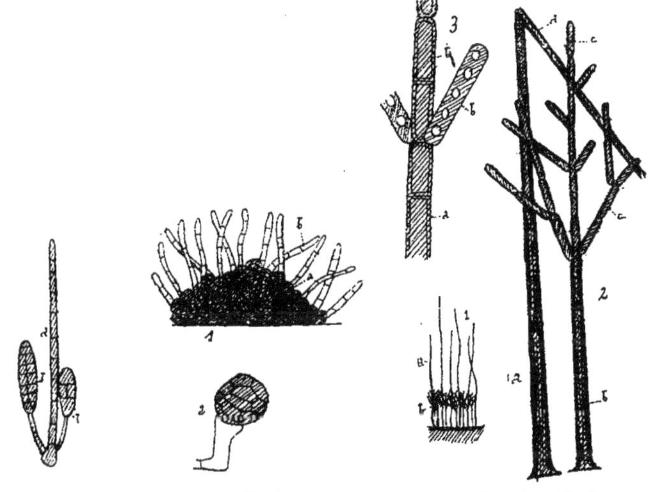

Fig. 139. — *Septosporium bulbotrichum.* — *a,* filament stérile; *b,* spore (d'après Corda).

Fig. 140. — *Trichægum rhizospermum.* — 1, aspect général de la plante ; *a,* spores; *b,* partie stérile ; 2, spore grossie (d'après Corda).

Fig. 141. — *Hormiactella fusca.* — 1, aspect général permettant de distinguer les filaments stériles *a* et les filaments fertiles *b ;* 2, figure précédente grossie ; *a,* filament stérile ; *b,* filament fertile; 3, partie fructifère grossie (d'après Preuss).

sphériques insérées à la base des filaments précédents, composées d'un massif de cellules noirâtres.

Cinq espèces sont actuellement connues : *T. rhizospermum cladosporioides,* etc.

(1) *Icones fungorum,* I, p. 15.

Hormiactella Saccardo (1) (analogue aux *Hormiactis*).

Filaments stériles et fertiles mélangés; les premiers dressés, noirâtres, simples, cloisonnés; les seconds semblables, mais plus courts et portant des chapelets de spores, ramifiés à la partie supérieure. Spore noirâtre cylindrique, arrondie aux deux bouts, présentant une cloison.

Une espèce se rattache à ce genre, l'*Hormiactella fusca* qui se développe sur les rameaux tombés de l'Aulne.

(1) *Sylloge Fung.*, IV, p. 311.

DIXIÈME GROUPE (1).

Sporotrichum Link (2) (spore-poil).

Filaments fructifères couchés, ramifiés, cloisonnés, de même diamètre sur toute leur longueur, incolores ou faiblement colorés. Spores naissant à l'extrémité ou sur les dents terminales des ramuscules, en général solitaires, ovoïdes ou globuleuses, incolores ou faiblement colorées, unicellulaires.

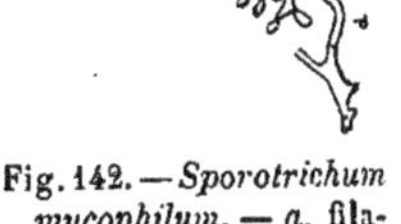

Fig. 142. — *Sporotrichum mycophilum.* — *a*, filament fructifère rampant ; *b*, spore (d'après Harz).

Une centaine d'espèces ont été rattachées à ce genre ; elles se développent sur des végétaux ou des matières en décomposition. Les unes sont blanches (*S. foliorum*, etc.), les autres jaunes (*S. flavissimum*, etc.), quelques espèces sont ocracées (*S. Dalhiæ*), plusieurs rougeâtres (*S. roseum*, etc.) et un dernier groupe contient les espèces verdâtres ou grisâtres (*S. virescens*).

Sporadospora Reinsch (3) (spore isolée).

Mycélium formé de filaments ramifiés irrégulièrement, contournés, flexueux, s'anastomosant fréquemment. Spores unicellulaires, ovoïdes et brièvement acuminées, portées par de courts pédicelles latéraux.

(1) Voir p. 20.
(2) *Species pl. Fungi*, I, p. 1.
(3) *Contr. ad Algologiam et Fungologiam*, 1875. Leipzig, p. 95.

Une espèce est décrite, *S. Jungermanniæ*, dont les spores ont 23 μ, 4 de long sur 14 μ, 2 de large ; elle se développe sur les feuilles de *Jungermannia asplenioides*. Jura.

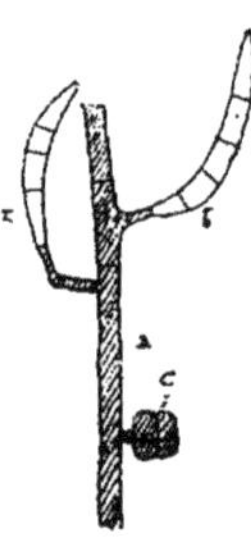

Fig. 143. — *Sporadospora Jungermanniæ.* — *a*, cellules de l'Hépatique ; *b*, filaments du Champignon ; *c*, spores (d'après Reinsch).

Microsporon Gruby (1) (petite spore).

Champignon présentant les caractères des *Sporotrichum*, mais se développant sur les animaux.

Parmi les espèces de ce genre, on peut citer : *Microsporon furfur*, *M. Audouini*. Le dernier de ces Champignons produit une maladie désignée sous le nom de *Sycosis ;* le premier est la cause du *Pityriasis versicolor*. Les Champignons de ces maladies sont encore très mal définis au point de vue de leurs caractères morphologiques ; aussi un certain nombre d'opinions très diverses ont été formulées sur leur nature. Bazin avait rapporté toutes ces maladies parasitaires à des Champignons d'un même genre, *Tinea*. Köbner identifie le *Microsporon Audouini* avec le *Trichophyton tonsurans* et avec l'*Oospora porriginis* ou *Achorion Schœnleinii*.

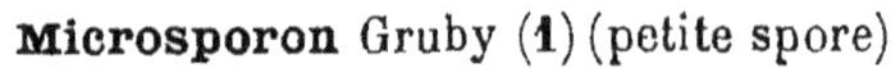

Sarcinella Saccardo (2) (petit ballot).

Filaments rampants cloisonnés, noirâtres et portant sur les rameaux des spores de deux sortes. Les unes, noirâtres, un peu arrondies, ont l'aspect d'un petit ballot et sont subdivisées en quatre à huit cellules à cloisons orientées dans plusieurs directions ; les autres sont incolores, allongées en forme de faux et présentent plusieurs cloisons parallèles entre elles.

Fig. 144. — *Sarcinella heterospora.* — *a*, spores arquées incolores ; *b*, spores présentant des cloisons dans deux directions (d'après Saccardo).

(1) *Recherc. Porrigo*, 1843, *Calt. mic. corp. rum.*, p. 128, t. VI, p. 49.
(2) *Fungi italici*, pl. CXXVI.

Une seule espèce est connue, le *S. heterospora,* qui pousse sur les feuilles de *Ligustrum vulgare,* de *Cornus sanguinea, Carpinus Betulus Lonicera Xylosteum.*

Forme parfaite. — Saccardo regarde la plante précédente comme l'état conidial du *Dimerosporium pulchrum* du groupe des Périsporiacées.

Fumago Persoon (1) (fumée).

Filaments couchés enchevêtrés, souvent réunis en sorte de bulbilles mûriformes, formant quelquefois une croûte noire. Filaments fertiles penchés ou dressés, ramifiés, noirâtres, portant à leur partie supérieure les spores en chapelet. Spores ovoïdes, oblongues, irrégulières, d'abord non

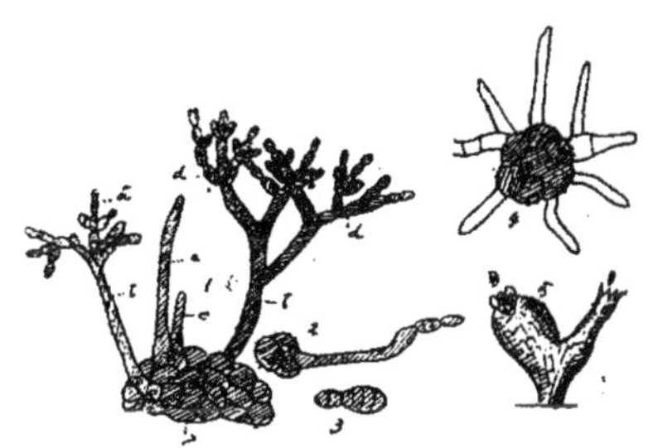

Fig. 145. — *Fumago vagans.* — 1, port général de la plante ; *a,* croûte noirâtre ou bulbille sur laquelle se développe le *Fumago b ; c,* filaments jaunes; *d,* spores en chapelet; 2, bulbille germant réduite à un petit nombre de cellules et produisant un *Fumago* couché; 3, spore tombée; 4, bulbille germant; 5, capnodium, état parfait (d'après Tulasne).

cloisonnées, puis présentant plusieurs cloisons parallèles entre elles.

Quatre espèces ont été décrites : *F. vagans, crustacea, fungicola* et *lateritiorum.*

Forme parfaite. — Tulasne (2) a établi que le *Fumago vagans* est l'état conidial du *Capnodium salicinum* qui est une Perisporaciée très curieuse, en forme de bouteille qui

(1) *Myc. europ.,* I, p. 9.
(2) *Selecta fung. carpol.,* II, p. 281.

peut contenir des asques ovoïdes ou allongés, à spores mûriformes ou des pycnides à conidies en bâtonnets.

Tulasne a indiqué encore un autre appareil reproducteur, qui est constitué par un amas en petit nombre de cellules noires qui forment des sortes de bulbilles à la surface des feuilles. Ces bulbilles sont quelquefois unicellulaires, le plus souvent pluricellulaires, noirs, hérissés de légères échinulations. Ces bulbilles sont susceptibles de germer.

Culture. — Zopf (1) a étudié la variation des formes suivant les divers milieux.

En employant des milieux de culture peu nutritifs, il a vu se produire des organismes moins différenciés. Il a ainsi distingué : 1° la forme des liquides, qui est une espèce de levure bourgeonnante; 2° la forme amphibie, qui rappelle soit un *Mycoderma*, soit un *Chalara ;* 3° la forme aérienne, qu'il désigne sous le nom de microgonidie. En employant des milieux plus riches, le même auteur a observé des formations tissulaires et des formations filamenteuses; les premières par leur début et par leur différenciation ultérieure, correspondent aux pycnides; les secondes sont des faisceaux de supports conidiens. Il a constaté la similitude des formes spontanées et des formes obtenues par la culture.

(1) Die Conidienfrüchte von Fumago (*N. Acta Leopold*, t. XL).

ONZIÈME GROUPE (1).

Massaspora Peck (2) (masse de spores).

Mycélium nul (?). Spores réparties dans le corps des Insectes où le Champignon se développe, faiblement cohérentes et constituant une masse pulvérulente, pâle ou faiblement colorée.

Une espèce connue : *M. cicadina*.

Il y aurait à rechercher si l'espèce qui a été décrite sous ce nom n'appartient pas à un Champignon connu. Parmi les parasites des Insectes, on connaît certains *Botrytis*, des *Isaria*, des Entomophthorées ; ces dernières présentent un mycélium qui prend, dans ces nouvelles conditions de développement, l'aspect de masses bourgeonnantes à la manière des levures ou des *Mucor* en végétation étouffée.

Chromosporium Corda (3) (spore colorée).

Filaments peu apparents, souvent altérés. Spores globuleuses, de couleurs diverses, mais jamais noires, unicellulaires, formant une poudre plus ou moins étalée sur les supports.

Ce genre se compose d'espèces non autonomes ; ces formes doivent être le plus souvent des états plus ou moins désagrégés de Mucédinées plus élevées.

(1) Voir p. 21.
(2) *Thirty-one Report of St. Mus.* New-York, p. 44.
(3) Sturm, *Deutschlands Flora*, III, 2, p. 119.

Saccardo a fait le dénombrement de ces formes signalées par les différents auteurs ; leur nombre s'élève à quinze.

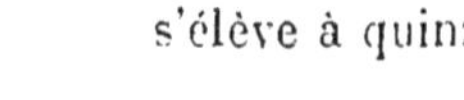

Coniosporium Link (1) (poudre de spores).

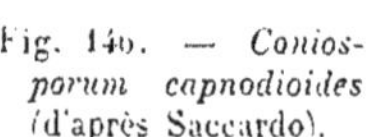

Fig. 146. — *Conios-porum capnodioides* (d'après Saccardo).

Filaments très courts, incolores, éta-lés. Spores noires naissant irrégulièrement sur ces fila-ments.

On peut faire sur les cinquante formes de ce groupe les mêmes remarques que sur celles du précédent.

Saccharomyces Meyen (2) (Champignon du saccharose).

Cellules arrondies, ovales ou elliptiques, rarement cylin-driques, vivant complètement isolées ou associées en petit nombre par suite de leur bourgeon-nement dans les liquides nutritifs. Spores endogènes.

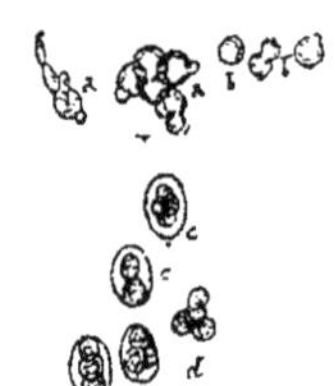

Une dizaine d'espèces sont con-nues : *S. Cerevisiæ, ellipsoideus, Pastorianus*, etc.

Affinités. — Les affinités de ces plantes sont douteuses ; elles ne peuvent être confondues avec les Champignons que nous étudions qu'à l'état végétatif (qui est presque toujours celui qu'on observe dans la

Fig. 147. — *Saccharomyces Cerevisiæ*. — *a, a, b, b,* di-vers états végétatifs ; *c, c,* production des spores ; *d,* spores mises en liberté (d'après Rees).

nature) car les spores sont endogènes. Plusieurs botanistes les rapprochent des Ascomycètes et les considèrent comme des représentants les plus dégradés du groupe des Discomy-cètes à thalle dissocié ; les autres les regardent comme cons-tituant un ordre spécial sous le nom de *Blastomycètes* (3).

(1) *Observ. myc.,* I, p. 8.
(2) *Wiegmann's Archiv,* IV, *Jahrg.,* II, p. 99. *Pflanzen Physiologie,* III, 455, pl. X, fig. 22.
(3) Frank, *Drei Natur Reiche.* p. 595, III.

Formation des spores. — Les spores de ces Champignons ont été découvertes par M. de Seynes en 1868 (1) chez une espèce qu'il désigna sous le nom de *Mycoderma vini.* M. Rees (2), dans une étude du genre *Saccharomyces*, observa ces organes reproducteurs en cultivant les levures non dans un milieu nutritif, mais sur des tranches de carottes.

M. Wasserzug (3) a obtenu le même résultat avec plusieurs levures en les semant sur du papier buvard plongeant par la partie inférieure dans l'eau. Il opérait dans des tubes stérilisés et fermés par un coton de ouate. Il est quelquefois arrivé à observer la formation des spores dans un liquide sucré quand le sucre est du lactose. Ces spores naissent sinon à la première culture, du moins au bout d'un petit nombre de semis successifs sur des liquides légèrement acides, eau de levure, eau de carotte, bouillon de viande. Cette prolongation des cultures en milieux non sucrés, très peu acides et peu favorables au développement des levures, amène la production des germes. Il faut cependant remarquer que les organes de reproduction ne se forment que si l'on part d'une culture jeune ayant au plus trois ou quatre jours de date. Les cellules âgées donnent rarement des spores.

Action chimique. — Les *Saccharomyces* ont la propriété de végéter pendant quelque temps à l'abri de l'air en décomposant le glucose dans lequel ils se développent; ils produisent de l'alcool, de l'acide carbonique et divers produits accessoires parmi lesquels la glycérine et l'acide succinique. La quantité d'alcool produite est très variable; le *S. apiculatus* en produit beaucoup moins que le *S. Cerevisiæ.* Si le liquide nutritif est du saccharose, les différentes espèces ne se comportent pas de la même manière; le *S. Cerevisiæ* produit de l'invertine qui dédouble le saccharose en glucose et levulose et la fermentation se produit; le *S. apiculatus* ne décompose pas le sucre de canne ou saccharose.

(1) Sur le Mycoderma vini (*C. R.*, 1868, p. 105. *Annales des sc. nat.*, 5ᵉ série, t. X, 1869, p. 5).
(2) *Untersuchung. über die Alkoholgährung,* 1870.
(3) *Bullet. de la Soc. bot.*, 1888.

Erysibe Reinsch (1) (nielle).

Filaments pluricellulaires, ramifiés à la surface du support et produisant par places de très grosses spores sphériques ou arrondies, lisses ou hérissées de nombreuses pointes.

Deux espèces ont été décrites par l'auteur, l'*E. Andracearum* et *Chroolepidis*.

Coccospora Wallroth (2) (spore bacciforme) *Protomyces*.

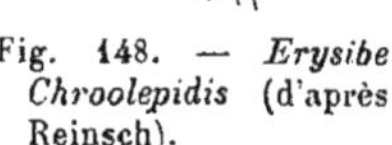

Fig. 148. — *Erysibe Chroolepidis* (d'après Reinsch).

Filaments très courts, quelquefois un peu rameux, cloisonnés. Spores sphériques, assez grandes, terminales, sans cloison, d'un jaune orangé.

La seule espèce connue, *C. aurantiaca*, se développe sur le bois pourrissant du Peuplier ou du Robinier. Ce genre est vraisemblablement à supprimer, car l'espèce précédente ne serait, d'après Saccardo, que le *Protomyces xylogenus*.

Il y aurait à justifier ce rapprochement. On sait que le *Protomyces macrosporus* présente un thalle parasite des Ombellifères (de l'*Ægopodium Podagraria*), renflé en certaines places en sphères qui présentent un grand nombre de noyaux. Ces sphères ne se cloisonnent pas à l'origine, et par conséquent ne produisent pas de spores ; elles restent l'hiver à l'état de vie latente. Au printemps suivant, elles se divisent en cellules qui se produisent autour des noyaux. Les grosses spores sont donc devenues des asques remplis d'un nombre de spores qui est un multiple de 8. Ce sont des asques dont l'évolution est retardée par une période de vie latente. Plusieurs auteurs placent donc ce genre dans les Ascomycètes, à côté des *Oleina* et des *Saccharomyces* (3).

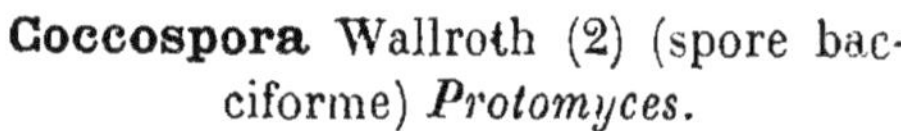

(1) *Contrib. ad Algol. et Fungol.*, 1875. Leipzig, p. 96.
(2) *Flora cryptogamica Germaniæ*, n° 1544. Nuremberg, 1831-1833.
(3) *Cours du Muséum de l'année* 1887-1888.

Microstroma Niessl (1) (petit stroma).

Filaments courts, incolores, groupés, terminés par des spores ovoïdes, non cloisonnées, incolores.

Deux espèces sont connues : *M. album* et *Juglandis*.

Fusella Saccardo (2) (fuseau).

Filaments rampants, peu développés, à nodosités. Conidies fusiformes, groupées en fascicules, noirâtres, non cloisonnées.

Fig. 149. — *Fusella patellata.* — *a* et *b*, groupes de spores fixées sur le support; *c*, spores isolées (d'après Bonorden).

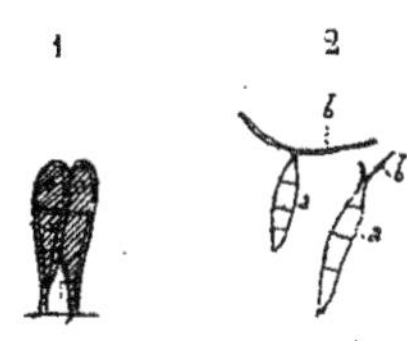

Fig. 150-151. — 1, *Dicoccum inquinans* (d'après Bonorden). — 2, *Mastigosporium album* (d'après Frésénius).

Trois espèces décrites : *F. patellata, olivacea, xylophila.*

Cycloconium Castagne (3) (poudre en cercle).

Mycélium formant des zones plus ou moins transitoires, noires, à la face supérieure des feuilles d'Olivier. Spores sessiles, ovoïdes, avec une seule cloison, simples, non en chapelet, d'un vert jaunâtre.

Une seule espèce connue : *C. elæoginum.*

(1) *Vorarbeiten zu einer Cryptogamenflora von Mähren und OEsterr. Schlesien,* p. 163 (Brünn, 1865).
(2) *Sylloge fungorum,* IV, p. 246.
(3) Thümen, *Pilze der OElb ,* p. 33.

Dicoccum Corda (1) (deux grains).

Spores oblongues, courtes ou brièvement en massue, noires, bicellulaires, fixées sur des filaments simples.

Six formes rattachées à ce type ont été décrites jusqu'ici.

Il est difficile de dire ce que peuvent être les productions qui ont été désignées sous ce nom. Elles apparaissent sur le bois mort décortiqué et y forment des masses plus ou moins coniques ou étalées qui rappellent des Sphériacées ou des Sphéropsidées désagrégées.

Principales espèces : *D. minutissimum, effusum*, etc.

Mastigosporium Riess (2) (spore à flagellum).

Filaments courts, incolores, non cloisonnés, terminés à leur partie supérieure par une spore incolore. Spore présentant plusieurs cloisons parallèles et portant à leur partie supérieure deux ou trois prolongements étroits.

Une seule espèce connue : *Mastigosporium album*.

Le filament qui supporte la spore s'allonge quelquefois et se ramifie même, son extrémité se renfle et se transforme en spore cloisonnée. D'après les figures données par Frésénius, les appendices terminaux ressemblent à des débuts de germinations et ne sont pas comparables à des soies.

Ce Champignon est parasite sur les feuilles de l'*Aira cæspistosa* et de l'*Alopecurus pratensis*.

Les *Pestalozzia* sont assez semblables, mais ils doivent être rangés dans les Mélanconiées.

Fusoma Corda (3) (fuseau).

Mycélium très peu développé, presque nul. Spores incolores ou peu colorées, cloisonnées plusieurs fois.

(1) Sturm, *Deutschlands Flora*. p. 117, fasc. 9, pl. LV.
(2) Frésénius, *Beiträge zur Mykologie*, p. 59, pl. VI, fig. 37-40.
(3) *Icones fungorum*, I. p. 7.

Un certain nombre d'espèces.de ce genre doivent en être éloignées et rangées parmi les Mélanconiées.

Espèces principales : *F. pallidum, torulosum*, etc.

Dans une note récente, M. Wasserzug a étudié une espèce qui peut être rattachée à ce genre. Il a suivi son développement dans diverses conditions et dans différents milieux. Il est arrivé à mettre en évidence l'existence d'une seconde forme reproductrice constituée par des chlamydospores aériennes, arrondies, verdâtres et formées soit d'une, soit de deux cellules. Quand le mycélium est étouffé, il peut prendre l'état de boule, modification qui se produit chez les *Mucor*. Le même observateur a pu constater la production de chlamydospores ou kystes le long d'un filament dans les parties submergées (1).

Clasterosporium Schweinitz (2) (spore en couteau).

Filaments rampants portant latéralement des spores brunâtres comme eux. Spores très allongées, cylindriques ou à étranglements, fusiformes ou renflées en massue.

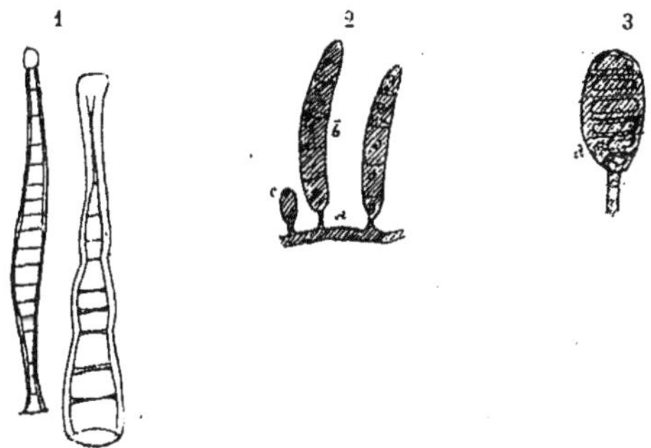

Fig. 152, 153, 154. — 1, *Clasterosporium hormiscioides* (d'après Corda). — 2, *C. glomerulosum*. — 3, *Brachydesmium ovoideum* (d'après Saccardo).

Un grand nombre d'espèces sont rattachées à ce genre. Les unes sont des *Eu-Clasterosporium*, à spores cylindri-

(1) *Bull. de la Soc. bot.*, 1888 et *Annales de l'Institut Pasteur*, 1888.
(2) Synopsis fungorum in America boreali media, etc., p. 2998 (*American philosophical Society of Philadelphia*, 1831-1834).

ques ou fusiformes, présentant au moins huit cloisons. Les autres sont des *Brachydesmium* et ont des spores ovoïdes ou oblongues, courtes, ayant de deux à huit cloisons.

Fusariella Saccardo (1) (rappelant un *Fusarium*).

Filaments fertiles simples, terminés par une seule spore, quelquefois ramifiés, courts, verdâtres, se dressant sur un mycélium rampant. Spore d'abord incolore et non cloisonnée, puis bicellulaire et olivâtre.

Deux espèces connues : *F. viridiatra* et *atrovirens*.

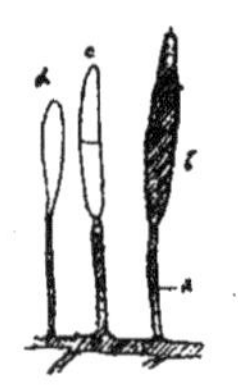

Fig. 155. — *Fusariella atrovirens.* — *a*, filament fructifère ; *b*, spore adulte ; *c*, spore incolore ; *d*, spore incolore et indivise (d'après Saccardo).

Stigmina Saccardo (2) (rappelant les *Stigmella*).

Champignons formant de petites taches vertes ou brunes à la surface des feuilles. Filaments fructifères extrêmement courts, surmontés d'une spore. Spores d'un vert foncé, présentant deux ou plusieurs cloisons parallèles entre elles.

Trois espèces sont connues ; *S. Visianica, Platani, Thermopsidis.*

Ceratophorum Saccardo (3) (porte-corne).

Filaments stériles rampants, peu développés et supportant de très courts pédicelles sur lesquels s'attachent les spores. Spores fusiformes ou cylindriques, noirâtres comme les filaments, courbées à leur partie supérieure, qui présente une ou trois pointes incolores.

Huit espèces sont décrites : *C. helicosporum, uncinatum*, etc.

(1) *Miscell. mycolog.*, I, p. 29.
(2) *Michelia*, II, p. 22.
(3) *Idem, ibid.*

Urosporium Fingerhuth (1) (spore à queue).

Filaments couchés, rigides, noirs, ramifiés, dichotomes vers l'extrémité renflée et surmontés par une spore. Spore oblongue, à deux ou trois cloisons, noire, caudiculée au sommet.

Une espèce : *U. curvatum.*

Tetraploa (2) Berkeley et Broome.

Mycélium non apparent. Spore ovoïde-oblongue, noirâtre, subdivisée par des cloisons orientées suivant plusieurs

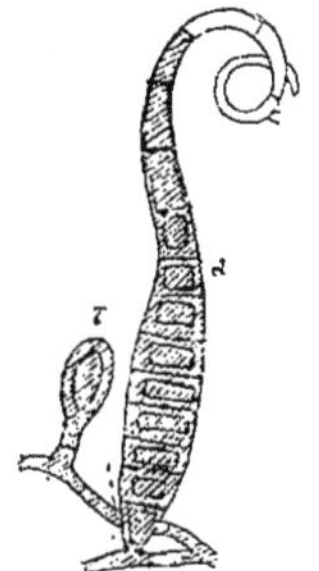

Fig. 156. — *Ceratophorum helicosporum.* — *a,* spore à pointe incolore en corne ; *b,* deuxième forme de spore (d'après Saccardo).

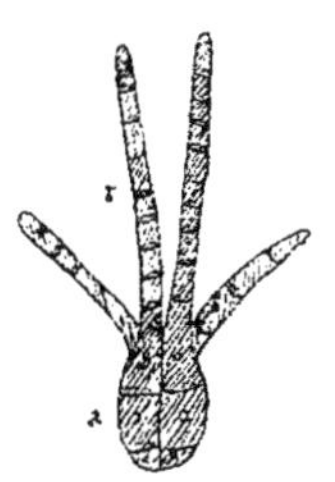

Fig. 157. — *Tetraploa aristata.* — *a,* spores avec ses appendices *b* (d'après Saccardo).

directions, surmontée à sa partie supérieure de plusieurs cornes cloisonnées.

Trois espèces connues : *T. aristata, scabra, Ellisii.*

Les cornes des spores sont peut-être dues à un commencement de germination (3).

Sporodesmium Link (4) (spore en ligament).

Filament fructifère peu développé, supportant une spore.

(1) Mykologische Beiträge (*Linnæa,* X, 1836, p. 231).
(2) *Ann. of Nat. Hist.,* n. 457.
(3) *Species Hyph. et Gymn.,* II, p. 120.
(4) *Sp. pl. Fungi,* II, p. 120.

Spore ovoïde ou oblongue, souvent très grande, sessile ou brièvement pédicellée, brunâtre, cloisonnée dans plusieurs directions.

Une soixantaine d'espèces ont été décrites comme se rapportant à ce genre : *S. viticolum, antiquum, scutellare*, etc.

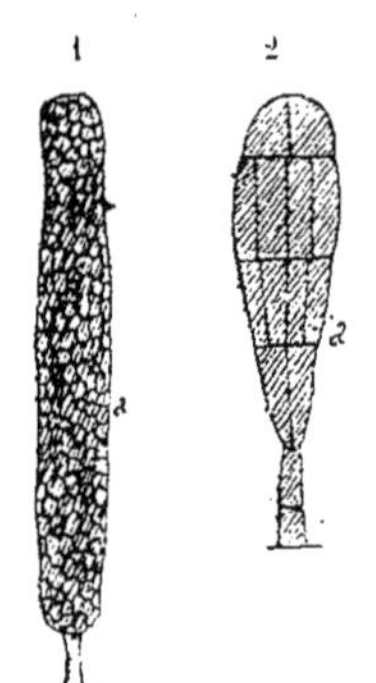

Fig. 158-159. — 1, *Sporodesmium antiquum*. — 2, *S. sycinum* (d'après Corda et Saccardo).

Ce genre est intéressant en ce sens qu'il présente pour ainsi dire toutes les formes de passage depuis la spore petite n'ayant qu'un petit nombre de cloisons jusqu'à la masse plus ou moins irrégulière formée de très nombreuses cellules. On voit, dans ce cas, combien il est difficile de savoir quand l'organe reproducteur cesse d'être spore pour devenir bulbille ou sclérote.

On connaît peu de choses sur les Champignons de ce groupe. Tulasne regarde le *Sp. vermiforme* comme l'état conidial du *Cucurbitaria macrospora*, le *Sp. cellulosum* comme l'état imparfait du *Massaria Popula* (1). Fuckel admet que le *Sp. ulmicolum* dépend du *Cucurbitaria ulmicolae* (2).

Stigmella Léveillé (Champignons formant de petits points).

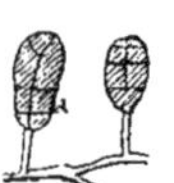

Fig. 160. — *Stigmella dryina*. — *a*, spore (d'après Saccardo).

Mycélium peu développé, un peu ramifié, en général peu apparent. Spore ovoïde ou globuleuse, cloisonnée dans plusieurs directions, brunâtre. Ces spores sont groupées ensemble et forment de petites masses élevées à la surface des feuilles.

Trois espèces sont actuellement connues : *S. dryina, Montellica* et *Castagneana*.

(1) *Select.*, II. p. 221.
(2) *Symb.*, p. 172.

Coniothecium Corda (1) (poudre de thèques, c'est-à-dire spores composées).

Champignon formé de masses irrégulières présentant un nombre variable de cellules noires plus ou moins intimement adhérentes les unes avec les autres.

Ce groupe ne correspond évidemment pas à des espèces autonomes ; on sait qu'un grand nombre d'Ascomycètes jouissent de la propriété de se désagréger quand ils se développent dans des conditions particulières non encore définies. Il est probable que presque toutes les formes qui ont été rangées dans ce genre sont constituées par des cellules enkystées encore partiellement réunies entre elles.

Laboulbenia Mort. et Robin (2) (dédié à Laboulbène, entomologiste français).

Champignon allongé, pedicellé, brunâtre, se développant à la surface des Insectes (souvent aquatiques) en assez grande abondance pour couvrir le corps d'une couche noire. Au-dessus du pédicelle se trouve une partie élargie regardée comme un périthèce dans lequel se différencient des cellules ovalaires allongées, qui se subdivisent ultérieurement en un certain nombre de spores fusiformes qui germent sans produire de mycélium.

Les Laboulbeniées se rencontrent fréquemment sur le corps des Coléoptères aquatiques, mais quelques espèces comme le *L. Baeri* sont communes sur des Mouches aériennes. Ils forment comme de petites bourses à la surface du corps ; chacune de ces bourses est une petite plante atteignant dans certaines espèces (*L. Nebriæ*) une longueur de 1 millimètre et dans la plupart des autres $0^{mm},5$. La plante est fixée sur le substratum par un pied formé de deux cellules superpo-

(1) *Ic. fung.*, I, p. 2.
(2) *Végétaux parasites*, 1853. Peyritsch, Ueber die Laboulbeniaceen (*Sitzungsb. der Wiener Akad.*, t. LXIV, 1871, t. LXVIII, 1873, et t. LXXII, 1875), et Karsten Chemismus der Pflanzenzelle, 1869,

sées. Ce pied supporte une sorte de bouteille et un appendice. A l'état végétatif, ce genre pourrait être confondu avec les Champignons que nous étudions; nous ne l'indiquons ici que pour éviter une méprise, car l'appareil reproducteur est très complexe. La bouteille possède à la maturité une paroi unicellulaire formée d'un petit nombre de cellules avec un orifice apical et un groupe de cellules internes qui ont été regardées comme des asques. Le nombre des asques, leur mode de formation sont encore indéterminés. A un moment donné, il se forme à l'intérieur de ces dernières cellules huit à douze spores

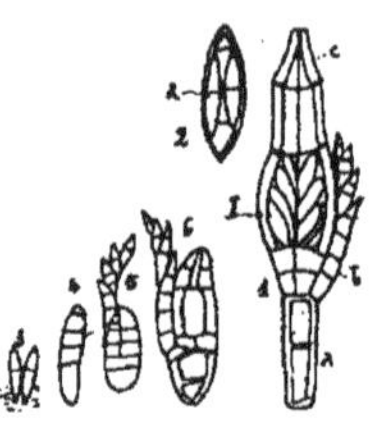

Fig. 161. — *Laboulbenia Baeri.* — Différents stades du développement. 1, état adulte; *a*, pied; *b*, appendice; *c*, col de la bouteille; *d*, asques; 2, asque grossie; *a*, spores bicellulaires; 3, 4, 5, 6, germination des spores (d'après Peyritsch).

qui s'isolent; elles sont fusiformes et germent sans produire de mycélium, en grandissant simplement et en se cloisonnant de manière à se transformer en une plante adulte semblable à celle qui vient d'être décrite. L'appendice naît à côté de la bouteille, il est constitué par un poil articulé subdivisé en un certain nombre de pièces qui naissent les unes dés autres en sympode.

De Bary range ce Champignon parmi les Ascomycètes douteux (1).

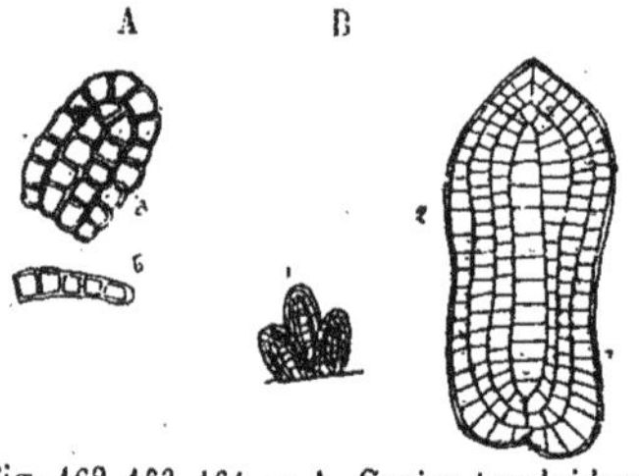

Fig. 162, 163, 164. — A, *Speira toruloides;* *a,* spore entière; *b,* fragment de spore s'isolant. — B, *Dictyosporium elegans;* 1, groupe de spores; 2, spore grossie (d'après Corda).

Speira Corda (2) (spire).

Mycélium à l'origine rampant, ramifié, incolore et supportant les spores. Spores noirâtres, cloisonnées dans plusieurs directions, mais de manière que les cellules soient disposées en files pouvant s'isoler en chapelets.

(1) De Bary. *Morph. und Phys. der Pilze*, p. 385.
(2) *Icones fungorum*, 1, p. 9.

Neuf espèces de ce groupe ont été décrites : *S. toruloides*, *effusa*, etc.

Dictyosporium Corda (1) (spore à réseau).

Spores ovoïdes ou en cœur, cloisonnées en deux directions de manière que les cellules soient organisées en files, mais sans être susceptibles de s'isoler en chapelets comme dans l'espèce précédente.

Trois espèces sont connues : *D. elegans, circinatum, opacum*.

Tridentaria Preuss (2) (trident à trois pointes).

Mycélium peu développé, supportant des spores incolores en forme de trident; chacune des dents étant cloisonnée et formée de cellules disposées en file.

Une espèce : *T. alba*.

Cheiromyces Berkeley et Curtis (3) (champignon en forme de main).

Spore oblongue, présentant longitudinalement deux ou quatre digitations cloisonnées ou non; toutes les cellules constituant la spore sont brunâtres.

Deux espèces connues : *C. stellatus* et *tinctus*.

Hirudinaria Cesati (4) (rappelant un *Hirudo*, Sangsue).

Champignon se développant sur les feuilles, spores noirâtres, à deux rayons soudés et cloisonnés.

Deux espèces sont décrites : *H. macrospora* et *Mespilii*.

Glomerularia Peck (5) (spores en glomérule).

Filaments le plus souvent courts et peu développés, un

(1) *Ic. fung.*, II, p. 87.
(2) *Linnæa*, 1852, p. 74.
(3) Berkeley. *Introd. Bot. cry.*, p. 313, fig. 70.
(4) *Hedwigia*, I, p. 104.
(5) Farlow, *Flor. White-Mountains*, p. 250.

peu divisés, incolores et supportant des capitules de spores. Spores globuleuses, incolores, unicellulaires. Champignon parasite.

Une seule espèce connue se développe sur les feuilles vivantes de *Cornus* et de *Lonicera*.

Echinobotryum Corda (1) (grappe hérisson).

Mycélium filiforme simple ou rameux, fréquemment peu apparent, présentant de place en place des capitules de spores. Spore ovoïde ou en forme de citron à pointe extérieure, lisse ou couverte de petites aspérités ; couleur variant entre jaune-brunâtre et brunâtre.

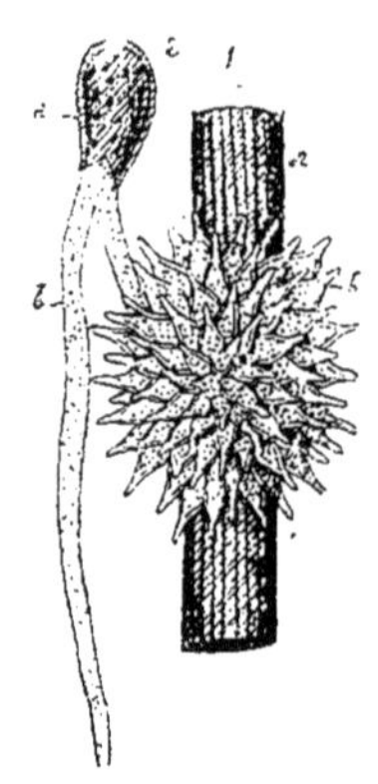

Fig. 165. — *Echinobotryum parasitans*. — 1, *a*, pied de *Stysanus* sur lequel se développe l'*Echinobotryum b* ; 2. spore *a* germant : *b*, filaments germinatifs (d'après Corda).

Quatre espèces ont été décrites : *E. atrum, leve, Citri* et *parasitans*.

Cette dernière espèce est une des plus curieuses, elle a été observée par Corda vivant en parasite sur une autre Mucédinée agrégée, le *Stysanus Caput-Medusæ*. Elle forme de petites saillies d'un jaune foncé à la surface du pied noir de ce dernier Champignon. L'*E. atrum* est également parasite, mais les deux autres espèces se développent en saprophytes sur les troncs décortiqués ou sur les racines pourrissantes.

Rotæa Cesati (2) (dédié à Rota).

Filaments stériles rampants, ramifiés, sur lesquels naissent latéralement des spores solitaires, quelquefois réunies

(1) *Pracht Flora*, p. 17, pl. VIII.
(2) *Botanische Zeitung*, 1851, p. 180. Bonorden a également étudié cette espèce dans le même journal, 1853, p. 283.

entre elles par un mucilage jaunâtre, de manière à paraître
fasciculées. Spores jaunâtres, présentant plusieurs cloisons
parallèles entre elles. Saprophyte.

Une seule espèce connue : *Rotæa
flava.*

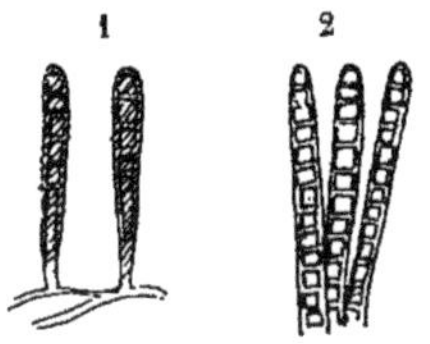

Paraspora Grove (1) (spores juxtaposées).

Fig. 166-167. — 1. *Rotæa flava* (d'après Bonorden). — 2. *Cryptocoryneum fasciculatum* (d'après Fuckel)

Champignon blanc, présentant un
mycélium très ténu, rampant, portant
des spores nettement en fascicules ou en glomérules. Spores présentant plusieurs cloisons parallèles entre elles, incolores et sans enveloppe gélatineuse.

Une espèce connue : *Paraspora triseptata.*

Cryptocoryneum Fuckel (2) (Coryneum caché).

Spores cylindriques formant des bâtonnets allongés, présentant un grand nombre de cloisons parallèles entre elles.
Ces spores jaunes sont fasciculées.

Une seule espèce connue : *C. fasciculatum ;* se développe
sur les écorces des arbres (Chêne, Troène, etc.).

Cylindrium Bonorden (3) (spore cylindrique).

Filaments portant des chapelets de spores peu distincts
d'eux. Spores allongées, cylindriques, un peu arrondies aux
deux bouts, incolores ou faiblement colorées. Champignons
formant de petits groupes aplatis, presque pulvérulents.
Chapelet rectiligne.

Douze formes ont été rattachées à ce type : *C. candidum,
elongatum,* etc.

(1) *New or notever Fungi,* p. 9.
(2) *Symbolæ mycologicæ,* p. 372, pl. 1, fig. 44.
(3) *Handbuch der allg. Mykologie,* p. 34.

Polyscytalum Riess (1) (plusieurs articles).

Filaments mycéliens peu développés, ramifiés, incolores ou un peu enfumés, supportant des chapelets de spores. Spores en forme de bacilles, c'est-à-dire en bâtonnets tronqués aux deux bouts. Chapelets ramifiés.

Quatre espèces ont été décrites: *P. fecundissimum*, etc.

Les Coprins, dans les milieux appauvris, donnent des conidies qui se rattachent aux *Polyscytalum*.

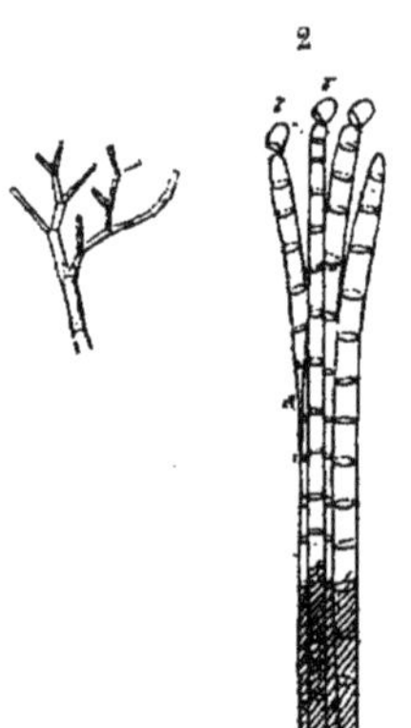

Fig. 168-169. — 1, *Polyscytalum fecundissimum* (d'après Reess). — 2, *Geotrichum purpurascens* ; *a*, filament se désarticulant à la partie supérieure *b* (d'après Saccardo).

Geotrichum Link (2) (filament terrestre).

Filaments stériles rampants, peu développés. Filaments fertiles courts (quelquefois nuls), dressés et cloisonnés. Les cellules supérieures de ces filaments sont courtes et se désarticulent en cellules tronquées à angle droit. Ces cellules ou spores sont incolores ou faiblement colorées. Chapelets droits.

Six espèces ont été décrites et se développent sur le fumier, sur les os : *G. candidum*, etc.

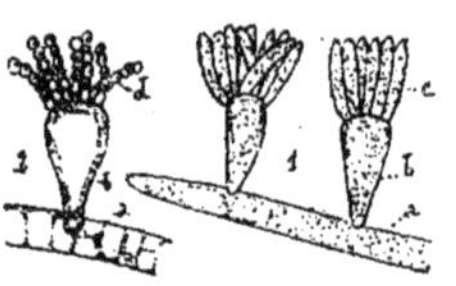

Fig. 170. — *Basidiobolus fimbriatus.* — 1, premier aspect de la plante *b* qui est parasite de l'*Amœbidium a ;* *c*, filaments qui se désarticulent ultérieurement en spores ; 2, état adulte ; *d*, chapelets de spores (d'après Cienkowski).

Basidiobolus Cienkowski (3) (sorte de baside).

Champignon formé d'une cellule en massue, renflée vers le sommet, amincie vers la

(1) *Botanische Zeitung*, 1853, p. 138, pl. III, fig. 14.
(2) *Observ.*, I, p. 53.
(3) Ueber parasitische Schläuche auf Crustaceen und einigeu Insekten Larven (*Bot. Zeit.*, 1867).

base. La partie supérieure bourgeonne et donne de six à dix cellules allongées qui s'insèrent sur la première comme sur une baside. Ces longues cellules peuvent se résoudre en chapelets de spores.

Une seule espèce est connue, le *B. fimbriatus*, qui se développe sur l'*Amœbidium parasiticum*. Il est à rappeler que le même nom a été donné beaucoup plus tard, par M. Eidam, à un genre de la famille des Entomophtorées ; ce dernier nom doit être modifié. Si l'espèce actuelle avait un mycélium, elle serait assez analogue aux *Syncephalis*.

Hormiscium Kunze (1) (chaîne).

Filaments fructifères courts ou se distinguant peu des spores. Spores cubiques ou globoso-cubiques, noires et tombant difficilement, disposées en chapelets droits.

Seize espèces ont été décrites : *H. splendens, altum*, etc.

Oospora Wallroth (2) (spore en forme d'œuf).

Champignon formant des groupes étalés ou pulvérulents, plus ou moins compactes. Filaments fertiles courts, simples, non rigides et supportant des chapelets de spores globuleuses ou ovoïdes (jamais cylindriques ou cubiques), incolores ou faiblement colorées. Champignon saprophyte (ou parasite sur des animaux dans le sous-genre *Achorion*).

Dans ce groupe doit rentrer un Champignon connu sous le nom d'*Achorion Schœnleinii* Remak et qui n'est autre que l'*Oidium porriginis* Montagne ou *Oospora porriginis* Saccardo, et qui se développe dans la peau de l'homme et des animaux, en produisant la maladie connue sous le nom de *Favus*. Ce Champignon s'observe aussi sur la souris, sur les lapins et sur les poules. A côté de cette forme, il faut signaler le *Trichophyton tonsurans*, qui se développe dans la peau des chevaux, des chiens, des bœufs et san-

(1) *Mykologische Hefte*, I, p. 12. Leipzig, 1817-1823.
(2) *Flora cryptogamica Germaniæ*, p. 182. Nuremberg, 1831-1833.

gliers (1), en y déterminant une maladie connue sous le nom d'*Herpes tonsurans*. Köbner (2) identifie ce Champignon avec le *Microsporon Audouini*, qui produit la *Sycosis* ou *Mentagra parasitica*. Le *Microsporon furfur* est un troisième parasite de la peau qui produit le *Pityriasis versicolor*,

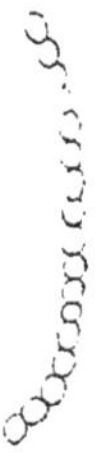

Fig. 171. — *Oospora perpusilla* (d'après Saccardo).

maladie que Köbner a inoculée au lapin. On peut, en effet, propager ces maladies d'un individu à un autre, et de l'homme aux animaux ; une prédisposition du patient est indispensable, paraîtrait-il, pour le succès de la culture. La culture ayant réussi, quand on examine la peau attaquée, on trouve, au milieu des poils, un mycélium et des chapelets de spores. Ces spores, semées dans un milieu nutritif, germent et donnent un mycélium qui reforme les spores. Sur les mêmes milieux, l'*Achorion*, le *Trichophyton* et le *Microsporon* présentent les mêmes résultats, aussi Grawitz (3) les regarde-t-il comme trois formes d'une même espèce. De Bary (4) pense que de nouvelles recherches seraient nécessaires sur cette question (5).

Monilia Persoon (6) (collier en grains).

Champignon formé de touffes le plus souvent assez denses, rarement étalé, présentant des filaments dressés, plus ou moins vaguement ramifiés, et dont les extrémités

(1) Schmidt a signalé un cas d'Herpès sur un troupeau de sangliers (*Die Krankheiten der Dickhäuter. — Deutsche Zeitsch. f. Thiermedecin und vergleichende Pathologie*, 1879, p. 46).

(2) Ueber Sycosis (*Virchow's Archiv*, t. XXII, 1861, p. 372).

(3) *Virchow's Archiv*, t. LXX, p. 566; t. LXXIII, p. 147.

(4) *Morph. und Phys. der Pilze*, p. 405.

(5) Bazin avait autrefois rapporté ces trois formes au genre Tinea (*Leçons théoriques et cliniques sur les affections parasitaires*, 1866). Stark avait également identifié le champignon de l'Herpès avec celui du Favus (*Zur Frage der angeblichen Identität der Parasiten des Favus und Herpes*). Voir également Gudden (*Ueber den Pilz der Pityriasis versicolor*) et la littérature indiquée dans de Bary.

(6) *Synopsis methodica fungorum*, p. 693.

des dernières ramifications portent des chapelets de spores. Spores assez grandes, en communication les unes avec les autres à l'origine.

Comme espèces principales, il faut citer le *M. candida*, etc.

D'après des recherches récentes de M. Plaut, on devrait rattacher aux *Monilia* le Champignon du Muguet (1). Cette

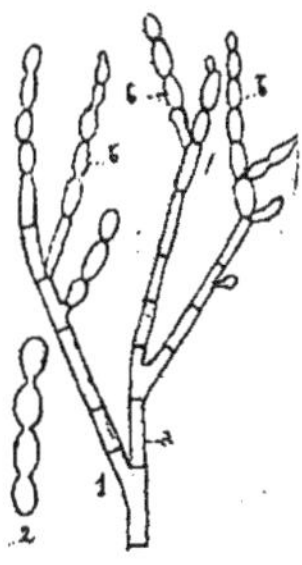

Fig. 172. — *Monilia candida.* — 1, port général; *a*, pied; *b*, chapelets de spores; 2, chapelet de spores grossi (d'après Bonorden).

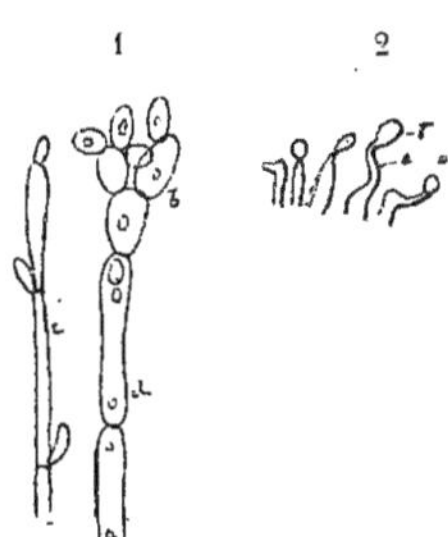

Fig. 173-174. — 1 et 2, *Monilia* du Muguet.

espèce peut, dans certains cas, rappeler une levure, c'est ce qui explique pourquoi on l'a regardé comme un *Saccharomyces, S. albicans*, ou comme un *Oidium*, quand les chapelets s'allongent.

Oidium Link (2) (petit œuf).

Champignon parasite sur des végétaux phanérogames. Filaments stériles couchés. Filaments fertiles simples et se terminant par un chapelet de spores. Spores incolores ou pâles, assez grandes, tombant rapidement.

On compte trente-cinq espèces décrites et rattachées à ce genre : *O. Tuckeri, erysiphoides, leucoconium*, etc.

(1) *Neue Beiträge zur systematischen Stellung des Soorpilzes.* Leipzig, 1887, 32 pages, 12 gravures, 1 planche.
(2) *Species Hyphom. et Gymnom.,* I, p. 122.

Forme parfaite. — On connaît pour un certain nombre d'espèces la forme parfaite qui est une Perisporiacée du groupe des Erysiphées, ainsi que Tulasne l'a démontré (1). D'après cet éminent mycologue, l'*Oidium monilioides* est la forme conidienne de l'*Erysiphe Graminis.* A côté de l'espèce précédente, il en existe d'autres qui ont été rattachées à des genres voisins des *Erysiphe.* L'*O. Aceris* serait l'état conidial de l'*Uncinula bicornis*, l'*O. leucoconium* l'état imparfait du *Sphærotheca pannosa.* Tulasne a figuré, en outre, dans le *Selecta Carpologia fungorum* un certain nombre d'*Oidium* non déterminés qui sont en rapport avec les espèces suivantes : *E. Guttata, Salicis, Dipsacearum, tridactyla, Pisi, Astragali.* Il y aurait donc à rapprocher chaque espèce d'*Oidium* de la forme *Erysiphe* correspondante. L'*O. Tuckeri*, qui détermine la maladie si connue de la Vigne, n'a pas été encore rencontré sous sa forme parfaite. Ce Champignon ne peut produire que des conidies; ce résultat dépend vraisemblablement des conditions climatériques qu'il a rencontrées dans nos pays, car on admet qu'il est d'origine américaine et qu'il s'est

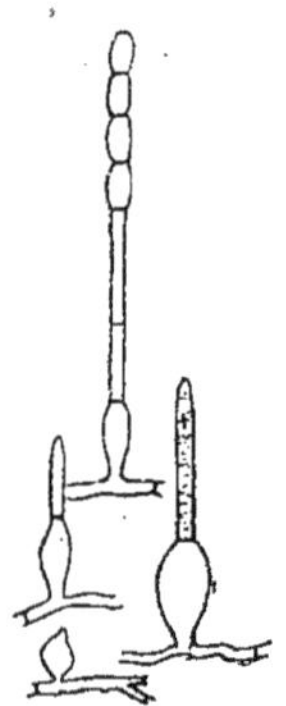

Fig. 175. — *Oidium bulbosum* (d'après Bonorden).

répandu sur toute l'Europe vers 1845. Le nom d'*Erysiphe Tuckeri*, sous lequel on le désigne quelquefois, a été donné prématurément, puisque certains *Oidium* sont rattachés à d'autres genres que le genre *Erysiphe.* On admet, sans démonstration suffisante, que l'*O. Tuckeri* se rattacherait à une espèce américaine, l'*Uncinula spiralis* ou *americana*, qui se développe sur le *Vitis cordifolia* et *Labrusca.*

Maladies. — Un certain nombre de maladies ont été provoquées par les Champignons dont nous nous occupons actuellement. L'*Oidium* de la Vigne a été, au milieu de ce

(1) Nouvelles observations sur les Erysiphe (*Ann. des sciences naturelles*, t. VI, 1856, et *Annales sc. nat.*, 4e série, t. I, p. 229, et *Botanische Zeitung*, 1853, p. 257).

siècle, un fléau pour l'Europe ; il a pu être heureusement combattu par l'emploi du soufre dont l'efficacité a été établie par les expériences de M. Duchartre. Selon Frank (1), le soufre agirait, non en détruisant le Champignon existant déjà, mais en altérant les spores et en empêchant la propagation. Les conidies, en germant, envoient un suçoir dans une cellule épidermique, et de là s'étendent en filaments à la surface de l'épiderme du grain de raisin qui se trouve bientôt enfermé dans un réseau mycélien. Si le parasite s'attaque à une pousse jeune, il détermine un arrêt de développement, recroquevillement et mort. La présence d'autres espèces amène, au contraire, une hypertrophie, par exemple l'*Erysiphe lamprocarpa* qui attaque les *Galeopsis*. Les conidies sont mûres et capables de germer immédiatement après leur chute, et c'est par elles que se fait la propagation du Champignon pendant l'été. Les périthèces, quand ils existent, apparaissent pendant l'hibernage. Wolf est arrivé à obtenir des périthèces d'une forme conidiale (2).

Torula Persoon (3) (petit câble ou corde).

Filaments stériles couchés. Filaments fertiles courts et peu distincts des spores dans la partie supérieure où ils se cloisonnent. Spores disposées en chapelets droits, unicellulaires, globuleuses, oblongues ou sphériques, noires.

Fig. 176. — *Torula asperula.* — *a*, pied fructifère court ; *b*, chapelet de spores (d'après Saccardo).

Une centaine d'espèces ont été décrites, les unes sont lisses, *T. disciformis*, etc., les autres sont échinulées. *T. asperula*, etc.

(1) *Pflanzenkrankheiten.*
(2) *Bot. Zeit.*, 1874, p. 183.
(3) *Synopsis methodica fung.*, p. 693.

Heterobotrys Saccardo (1) (grappe hétérogène).

Champignon présentant deux sortes de spores sur un même mycélium, et portées sur de courts rameaux cendrés. Spores de la première espèce constituées par des sphères assez

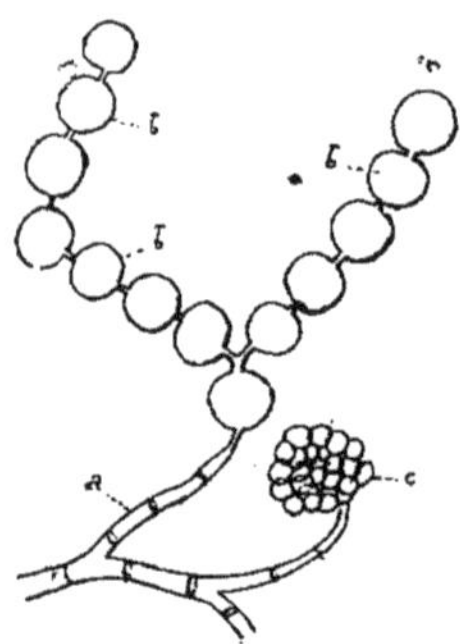

grosses, disposées en chapelet; chapelet quelquefois ramifié, mais jamais enroulé; des isthmes réunissent ces spores entre elles. Spores de la seconde forme également sphériques, mais beaucoup plus petites et réunies entre elles en une sorte de tête sphérique.

Une espèce connue: *H. paradoxa.*

Fig. 177. — *Heterobotrys paradoxa.* — *a*, filament fructifère; *b*, première forme de spores en chapelets; *c*, deuxième forme de spores (d'après Saccardo).

Pæpalopsis Kühn (2) (farine).

Champignon parasite se développant sur les fleurs des Phanérogames. Mycélium ramifié à l'intérieur de la corolle et fructifiant en masses étalées, formées de chapelets de spores. Spores globuleuses, incolores, entourées à l'origine de mucosité. Chapelets droits.

La seule espèce connue, *P. Irmischiæ*, se développe dans les corolles du *Primula elatior* et *officinalis.*

Fusidium Link (3) (Fuseau).

Filaments courts, simples, peu différents des spores. Spores en forme de fuseau, amincies aux deux bouts, incolores ou faiblement colorées, unicellulaires, en chapelets droits.

Une quarantaine d'espèces sont actuellement décrites : *F. carneolum*, etc.

(1) *Michelia*, II, p. 21.
(2) *Hedwigia*, 1883, p. 11 et 28.
(3) *Berl. Mag.*, 1809, III, p. 8.

Gongromeriza Preuss (1) (divisé comme une lamproie).

Filaments simples, dressés, cloisonnés, à spores disposées en chapelets droits. Spores en massue, unicellulaires, noirâtres.

Une espèce a été décrite : *G. clavæformis.*

Gyroceras Corda (2) (corne enroulée).

Filaments stériles rampants, foncés, portant presque directement des filaments dressés enroulés en crosse et composés d'un grand nombre de cellules beaucoup plus larges que longues qui se désarticulent bientôt en donnant des

Fig. 178. — *Gyroceras Ammonis.* — 1, port de la plante développé sur un support ligneux; 2, partie enroulée terminale; 3, partie terminale désarticulée (d'après Corda).

Fig. 179-180. — 1, *Bispora monilioides.* — *a*, chapelet de spores cloisonnées; 2, développement des spores; *b*, spore qui commence à bourgeonner à sa partie supérieure en formant une saillie incolore; *a*, nouvelle spore supérieure à moitié formée, la partie supérieure est encore incolore (d'après de Seynes).

spores (?) à section arrondie, peu élevées. Spores (?) brunâtres ou noirâtres.

Trois espèces sont connues : *G. Celtidis, Ammonis* et *Plantaginis.*

(1) *Uebers. Pilze Hoyerswerda,* n° 24.
(2) *Icones fungorum,* I, p. 9.

Bispora Corda (1) (spore double).

Spores oblongues, noirâtres, disposées en chapelet, ayant une cloison et fixées sur des filaments très courts.

Huit espèces ont été décrites : *B. monilioides*, etc.

Le développement des spores a été étudié par M. de Seynes (2). Quand la spore apparaît, elle forme d'abord une simple saillie incolore qui se cloisonne bientôt; la partie inférieure se colore d'abord en noir, tandis que la partie supérieure reste incolore.

Septocylindrium Bonorden (3) (cylindre cloisonné).

Filaments courts, peu différents des spores. Spores cylindriques, présentant plusieurs cloisons parallèles entre elles, incolores ou faiblement colorées, disposées en chapelet.

Vingt-deux espèces sont décrites : *S. Bonordenii*, etc.

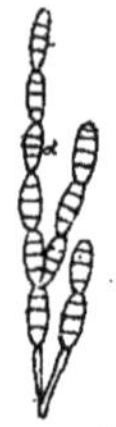

Fig. 181. — *Septocylindrium tapeinosporium* (d'après Bonorden).

Polydesmus Montagne (4) (plusieurs ligaments).

Filaments stériles rampants. Filaments fertiles dressés, courts, simples ou ramifiés, pellucides et portant à leur extrémité des chapelets de spores. Spores brunâtres, présentant plusieurs cloisons parallèles et séparées entre elles par des isthmes infertiles.

Deux espèces sont actuellement connues, le *P. elegans* et *P. exitiosus*. Cette dernière espèce, qui se développe sur les

(1) *Icones fungorum*, I, p. 9.
(2) Recherches p. serv. à l'hist. des Végétaux inférieurs, I, p. 41.
(3) *Handbuch der allg. Mykologie*, p. 35.
(4) *Annales des sciences naturelles*, 1845, p. 365.

tiges et les siliques des *Brassica campestris* et *Rapa*, a été l'objet des recherches de Kühn (1).

On a signalé une maladie de la Pomme de terre qui est en rapport avec le développement du *Polydesmus exitiosus* et qui se manifeste, selon M. Schenk (2), par des caractères très analogues à ceux qui sont signalés dans le *godronnage*. Les tiges et les feuilles deviennent noires ; les feuilles se recroquevillent, mais les tiges ne deviennent pas cassantes, ainsi que cela a lieu dans le véritable godronnage, maladie connue depuis un siècle, qui n'est pas produite par un Champignon, mais par la suppression de la nutrition de la plante et dont la cause mérite de nouvelles recherches. Dans la nouvelle maladie étudiée par M. Schenk, on trouve dans le tissu vasculaire et le parenchyme un riche mycélium, et dans les plaies brunes qui se forment par suite de la rupture de l'épiderme, apparaissent les spores du *Polydesmus exitiosus* dont l'auteur a cru devoir faire au moins une variété.

La même plante produirait, d'après Comes, une maladie des Tomates (3).

Septonema Corda (4) (filament septé).

Filaments stériles rampants, souvent altérés ou peu apparents ; filaments fertiles courts, peu différents des spores. Spores disposées en chapelet, allongées, noirâtres, présentant plusieurs cloisons parallèles entre elles.

Vingt-cinq espèces sont décrites : *S. secedens*, etc.

Sirodesmium De Notaris (5) (ligament-chaîne).

Spores ovales, oblongues, cloisonnées en réseau, souvent

(1) *Krankheiten der Culturgewächse*, p. 152.
(2) Ueber die Kräuselkrankheit der Kartoffel (*Centralblatt f. agricult. Chemie*, 1875, p. 280).
(3) Sulla malattia del pomodora (Lycopersicium esculatum) denominata pellagro o bolla nelle provincia di Napoli, esulle crittogame che l'accompagno (*Atti d. R. Istit. d'encorraggiomente*, vol. III. Naples, 1884, n° 11).
(4) *Ic. fung.*, I, p. 9.
(5) *Micr. ital. Dec.*, V, p. 16.

légèrement verruqueuses, disposées en chapelet dont les
différents articles sont réunis entre eux par des isthmes.
Chapelets supportés par des filaments extrêmement courts,
quelquefois nuls. Les spores peuvent être formées d'un

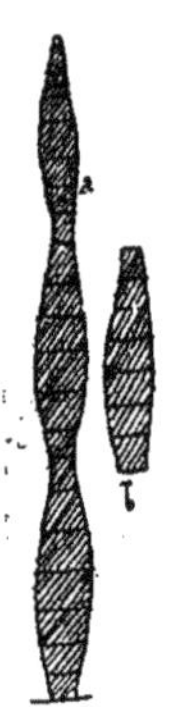

Fig. 182. — *Septonema rude*. — Chapelet] de spores ; *b*, spore isolée
(d'après Saccardo).

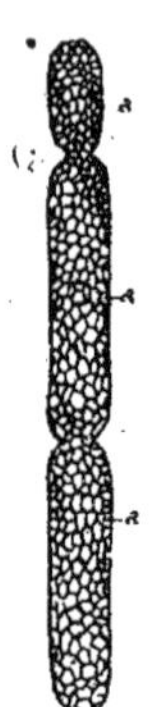

Fig. 183. — *Sirodesmium compositum*
(d'après Corda).

nombre très variable de cellules ; dans quelques espèces il
n'existe qu'un petit nombre de cloisons, dans quelques
autres un nombre considérable.

Douze espèces sont décrites : *S. compositum*, etc.

DOUZIÈME GROUPE (1).

Gliocladium Corda (2) (rameau gélatineux).

Mycélium rampant. Filament fructifère simple, cloisonné, ne présentant de courts rameaux qu'à sa partie supérieure ; rameaux quelquefois subdivisés et disposés parallèlement au pied, en pinceau. Spores naissant à l'origine en chapelets à l'extrémité des rameaux et gélifiant leur membrane à leur partie extérieure, de sorte que la disposition en file cesse d'être manifestée. Une goutte liquide se forme bientôt entre les branches, et tout l'ensemble du Champignon apparaît comme un pied élargi un peu au sommet et surmonté d'une grosse goutte liquide dans laquelle nagent les spores.

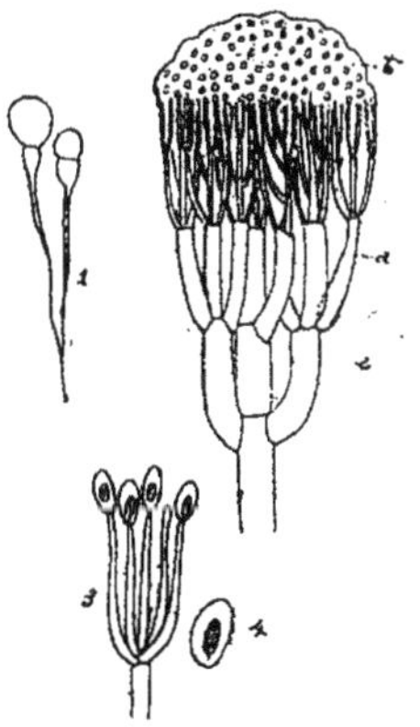

Observation. — Ce Champignon possède donc tous les caractères des *Penicillium ;* il n'en diffère que par la présence d'un mucilage autour de la spore. La seule espèce connue,

Fig. 184. — *Gliocladium penicillioides.* — 1, port de la plante, filament terminé par une gouttelette mucilagineuse ; 2, tête fructifère grossie ; *a*, ramuscules secondaires ; *b*, spores à membranes gélifiées formant une tête ; 3, derniers ramuscules fructifères surmontés par une spore ; 4, spore entourée d'une partie gélifiée (d'après Corda).

(1) Voir p. 25.
(2) *Icones fungorum*, t. IV, p. 30, fig. 92, pl. VII.

G. penicillioides a été rencontrée sur les appareils fructifères pourrissants des *Stereum hirsutum* et *sanguinolentum*. L'ensemble de la plante apparaît comme un petit point blanc.

Une seule espèce est connue, le *G. penicillioides*.

Scopularia Preuss (1) (petit balai).

Mycélium rampant, rameux, pénétrant dans le bois, cloisonné. Filaments fertiles noirâtres, dressés, cloisonnés, surmontés à la partie supérieure d'un pinceau de rameaux d'ordres différents. Les rameaux sont fréquemment opposés à la base et couverts d'un mucus. L'ensemble des rameaux et des spores forme une tête. Conidies incolores, ovoïdes. Pied fréquemment surmonté d'une gouttelette mucilagineuse contenant tous les rameaux supérieurs.

Une seule espèce : *S. venusta*.

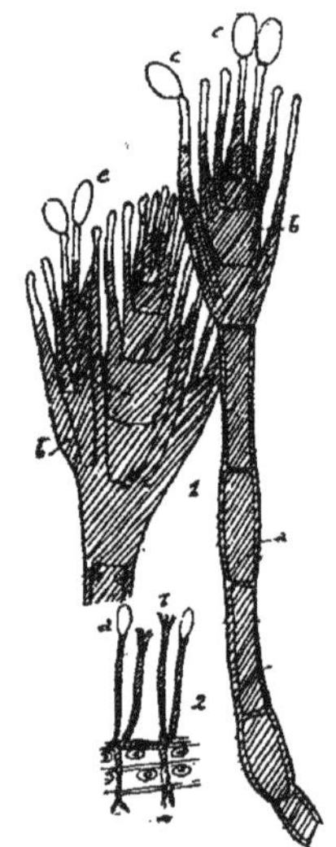

Fig. 185. — *Scopularia venusta.* — 1, *a*, pied fructifère; *b*, rameaux terminés par une spore; *c*, spore; 2, aspect général de la plante; *a*, tête entourée de mucus; *b*, tête non entourée de mucus (d'après Preuss).

Hautzschia Auerswald (2) (dédié à Hautzsch).

Filaments fructifères simples, raides, noirâtres, sans cloisons, bruns, ramifiés à plusieurs reprises à la partie supérieure avec les dernières branches incolores terminées par des chapelets de spores. Spores gélifiant leur membrane, de sorte que le pied est surmonté d'une boule gélatineuse au milieu de laquelle se trouvent les ramuscules et les spores.

Une espèce décrite : *H. Phycomyces*.

(1) *Uebers. üb. Pilze der Umg. Hoyerswerda*, n° 116.
(2) *Botanische Unterhaltungen zum Verständniss der heimatlichen Flora*, 1863.

Hyalopus Corda (1) (pied hyalin).

Filaments stériles rampants, peu développés. Filaments fertiles dressés, cloisonnés, atténués à la partie supérieure qui porte une sphère mucilagineuse. Sphère mucilagineuse

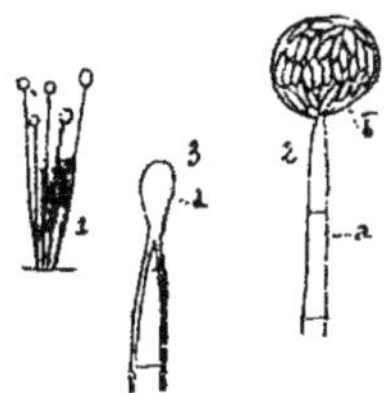

Fig. 186. — *Hyalopus ater.* — 1, port général; 2, pied *a* surmonté d'une tête sporifère mucilagineuse formée par la gélification de la membrane des spores; 3, extrémité du pied *a*.

composée d'un certain nombre de spores incolores, oblon-gues, dont la partie externe de la membrane se gélifie.

Onze espèces ont été décrites : *H. ater, mycophilus*, etc.

(1) *Icones fungorum,* II, p. 16.

TREIZIÈME GROUPE (1).

Psiloniella Cost. *Psilonia* (2) Richon.

Filaments dressés noirâtres, articulés, à articles présentant une gaine à bords irréguliers. Spore terminale et se formant à l'origine à l'intérieur de la gaine.

Une espèce se rattache à ce genre ainsi défini, le *P. cuneiformis.*

Berkeley et Broome (3) ont décrit l'appareil conidien d'une Sphériacée, le *Sphæria cupulifera,* qui se développe sur le bois pourri de l'Ormeau et qui ressemble tout à fait au *Psilonia* de M. Richon. M. Saccardo (4) a donné une description semblable pour cette plante qu'il appelle *Chætosphæria cupulifera.*

M. de Seynes (5) a étudié le développement du *Psilonia cuneiformis.* Il a constaté que les spores sont d'abord entourées d'une enveloppe qu'elles brisent pour devenir libres. Après la chute de ces spores, en apparence seulement exogènes, le fila-

Fig. 187. — *Psiloniella cuneiformis.* — *a*, filament dont l'extrémité a produit une spore qui est tombée en laissant l'enveloppe qui va former une gaine autour du filament; *b*, gaine; *c*, tube traversant la gaine; *d*, membrane déchirée qui contient une spore *e* (d'après de Seynes).

(1) Voir p. 25.
(2) *Bull. de la Soc. de Vitry-le-François,* 1877. Saccardo range cette espèce dans les *Monotospora,* mais ce rapprochement ne peut se faire.
(3) *Annals and Magazine of natural history,* VII, 1870-1871.
(4) *Syll. fung.,* II, p. 94.
(5) *Recherches pour servir à l'histoire des végétaux inférieurs. Formation des acrospores,* p. 37.

ment du pied continue à se développer au travers de l'enveloppe de la spore qui reste à l'endroit de l'articulation sous forme d'une collerette.

Sporendonema Desmazières (spore interne au filament).

Voisin des *Oidium*. Il se forme comme dans ce dernier genre un chapelet de spores, mais tandis que dans les *Oidium* les spores naissent les unes après les autres, de sorte que la plus inférieure soit la plus jeune, chez les *Sporendonema*, il y a cloisonnement simultané en une file et les spores apparaissent comme endogènes.

Deux espèces sont connues, *S. casei* et *terrestre*.

Observation. — Le genre *Sporendonema* créé par Desmazières en 1826 a été supprimé par Corda, qui l'avait cru établi sur une description inexacte. M. Oudemans a récemment rencontré une espèce non décrite, *S. terrestre* (1), qui doit être, selon lui, rattachée à ce genre. Ce qui caractérise, selon cet auteur, le genre actuel, c'est que les spores sont endogènes.

Dans chaque filament il se fait plusieurs spores, leur séparation a lieu par une fente circulaire de la paroi, de telle sorte que le filament se trouve divisé en autant d'articles ouverts aux deux bouts qu'il y a de spores.

Autre mode de reproduction. — M. Eidam (2) a montré que le *S. casei*, autrement appelé *Sepedonium caseorum* Link ou *Oidium rubens* Link, présente deux appareils reproducteurs. L'un, analogue à un *Oidium*, est légèrement teinté de rouge ; l'autre est constitué par des sphères d'un rouge-brun en longues chaînes fixées sur un pied analogue à celui des *Penicillium*. Ces dernières spores donnent seules en germant

(1) *Verslagen an Medelingen der kon. Akad. van Wetenschappen.* Amsterdam, 1885, p. 115.

(2) Ueber die merkwürdige Entwickelungsgeschichte eines mennig bis orange rothen Schimmelpilzes, des Sp. Casei (58 *Jahresb. d. schlesisch Gesells. f. vaterl. cultur.*, 1880, p. 138).

les deux appareils. L'auteur a également obtenu des
ébauches de fruits.

Glycophila Montagne (1) (aimant la glucose).

Mycélium formant une sorte de toile aranéiforme, incolore, s'étendant en rayonnant autour d'un point, formé de
filaments cloisonnés, ramifiés en dichotomie, sensiblement
atténués au sommet et enfermant des spores disposées en
files internes. Spores d'abord incluses, puis bientôt mises en
liberté; à cet état, elles apparaissent comme de petites
sphères passant du rose à l'olivâtre.

Une seule espèce connue, *G. versicolor*.

Malbranchea Saccardo (2) (dédié à M. Malebranche,
mycologue de Rouen).

Filaments rampants, enchevêtrés, incolores ou faiblement colorés, se terminant par des rameaux arqués. Rameaux sporifères terminaux simples, se divisant à leur
extrémité en un certain nombre de cellules cubiques qui
s'isolent en séries à l'intérieur d'un filament par gélification
de la lamelle moyenne de leur membrane.

Une espèce connue, *M. pulchella*, se développe sur du
carton.

Sporochisma Berkeley et Broome (3) (spore produite par
fissure).

Filaments fertiles dressés, simples. Spores brièvement
cylindriques, sortant de l'intérieur du filament fructifère
comme d'un fourneau qu'elles rempliraient exactement.

Trois espèces connues : *S. mirabile, insigne* et *paradoxum*.

<hr>

(1) *Comptes rendus de l'Acad. des sciences*, 13 oct. 1851, et *Bull. Soc.
nat. d'agriculture*, 9 juin 1852, p. 462.
(2) *Michelia*, II, p. 639.
(3) *Gardner's Chronicle*, 1847, p. 540.

M. de Seynes a décrit récemment (1) le mode de formation des spores de la dernière espèce. Les filaments fructifères donnent deux sortes de spores. Ils se terminent d'abord par des cellules cylindriques en chapelet qui se désarticulent une à une ou plusieurs ensemble. Quand ces premières spores sont tombées, on en voit apparaître d'autres, d'origine tout à fait différente ; elles font issue librement de l'intérieur

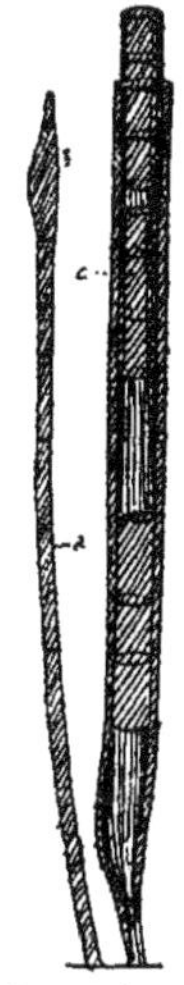

Fig. 188. — *Sporochisma mirabile.* — *a*, filament jeune ; *b*, partie renflée ; *c*, filament dans lequel les chapelets de cellules commencent à sortir du pied (d'après Saccardo et Corda).

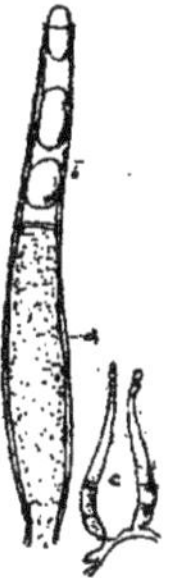

Fig. 189. — *Sporochisma paradoxum.* — Filament fructifère incolore présentant à sa partie supérieure *b* le chapelet de spores sortant du tube ; *a*, partie inférieure du filament non divisée ; *c*, aspect général de la plante (d'après de Seynes).

du tube constitué par la paroi du sporophore qui est resté béant après la chute des spores précédentes.

M. de Seynes relie cès deux structures différentes l'une à l'autre en disant que dans le premier cas les spores endogènes soudent leur paroi à celle du tube, et que cette soudure n'a pas lieu dans le second. Le même auteur a observé une forme corémiale de cette dernière végétation.

(1) *Bull. de la Soc. bot. et mycolog.* Sess. extraord., 1887, p. XXVI, *La moisissure de l'Ananas.*

QUATORZIÈME GROUPE (1).

Racodium Persoon (semblable à un morceau d'étoffe).

Filaments mycéliens d'un brun noir, entremêlés à la surface des supports, de manière à simuler une sorte de membrane. Pas de spores.

Une espéce connue : *R. cellare*.

Ce Champignon a déjà été l'objet des recherches de plusieurs mycologues. D'après de Bary (2), on ne connaît ni son origine ni ses organes reproducteurs. Il n'a jamais été observé que dans les caves. Fries avait cru pouvoir le rattacher à un Ascomycéte qu'il avait désigné sous le nom de *Zasmidium ;* M. Schrœter (3) et d'autres auteurs sont opposés à cette assimilation.

Ce dernier botaniste pense cependant que cette espèce peut fructifier et donner une forme conidienne qui se rapprocherait du *Cladosporium herbarum* qu'il a pu cultiver ; il n'a jamais obtenu de périthèces. Cette plante est connue depuis le dix-septième siècle, elle est répandue dans presque toutes les caves du centre et du nord de l'Europe.

(1) Voir page 25.
(2) *Morph. und Phys. der Pilze*, 1883, p. 23.
(3) Bemerkungen über Keller und Grubenpilze (*Jahresbericht d. Schles. Ges. f. Vaterl. Cultur*, 1883, p. 193).

Actinomyces Harz (1) (Champignon rayonnant).

Masses jaunâtres, de 1 millimètre de grosseur, se développant dans la mâchoire du bœuf, incrustées de calcaire et formées de filaments pelotonnés sans organe reproducteur, en massue à l'extrémité.

Une seule espèce connue : *A. Bovis.*

L'*Actinomyces Bovis* a été trouvé par Bollinger (2) dans l'ostéosarcome de la mâchoire du bœuf. Les tentatives d'inoculation n'ont donné jusqu'ici qu'un résultat négatif, ainsi que cela résulte des recherches de Bollinger et de Perroncito (3). Malgré ces essais infructueux, ce dernier expérimentateur admet que la maladie est bien contagieuse et que le parasite doit pénétrer dans le corps de l'animal par les fistules où les suppurations se produisent fréquemment.

La maladie ainsi produite est connue depuis très longtemps en Italie (1785) sous le nom de langue de bois, tuberculose de la langue, crapaudine. Rivolta (4) avait déjà regardé cette formation en 1867 comme de nature végétale et l'avait désignée comme *corpusculi discoidi*, aussi propose-t-il de changer le nom de Harz déjà employé par Meyen en celui de *Discomyces Bovis*. Ponfik (5) a observé cette maladie chez l'homme où elle présente les mêmes caractères que chez le bœuf ; il en a relevé seize cas bien établis et, dans la moitié d'entre eux, la maladie s'est terminée par la mort. L'analogie de la plante (6) qui produit cette maladie avec le *Strepto-*

---

(1) *Deutsche Zeitschrift f. Thiermedic.*, 1878, suppl., p. 125.

(2) Ueber eine neue Pilzkrankheit beim Rinde (*Centralblatt. f. med. Wiss.*, 1877, n° 27).

(3) Ueber den Actinomyces Bovis und die Sarkome der Rinder (*Deutsche Zeitsch. f. Thiermedicin und vergleichende Pathologie*, 1879, p. 33). — Meyen, d'après l'auteur, aurait employé le mot *Actinomyces*, en 1827, dans un autre sens.

(4) Sul cosi detto mal del rosp o del Trutta e sull' Actinomyces Bovis Harz (*Clinica Veterinaria del Prof. Zanzillotti*, 1878, p. 78-79).

(5) Ueber Actinomycose des Menschen (*Jahresb. schlesisch. Gesellsch. f. vaterl. Cult.*, 1880, p. 52).

(6) *Eine neue Infectionskrankheit,* Berlin, 1883.

thrix Forsteri qui forme des concrétions dans le canal des larmes a amené ce dernier auteur à **regarder cette espèce comme** se rattachant aux Schizomycètes, c'est-à-dire aux Bactéries.

Mycorhiza Frank (1) (champignon des racines).

Champignon formant un revêtement tissulaire blanc à la surface des racines d'un grand nombre d'arbres, et pénétrant dans les assises externes de la racine.

Ce Champignon forme un lacis plus ou moins épais qui recouvre la racine des Cupulifères et d'un certain nombre d'autres plantes. Les deux éléments ainsi associés sont intimement soudés entre eux, car les filaments du Cryptogame pénètrent dans les membranes des cellules radiculaires, et y forment un réseau. M. Frank a montré que cette association se constate partout, quels que soient les terrains, quels que soient les pays dans lesquels on récolte ces racines. Il y aurait, dans ce cas, d'après lui, un fait de symbiose qui rappellerait les phénomènes d'association réciproque que l'on constate entre l'Algue et le Champignon dans le Lichen.

Rhizoctonia de Candolle (destructeur de racines).

Filaments violets formant un revêtement à la surface des racines de diverses plantes.

Quatres espèces sont connues : *Ph. Medicaginis, Crocorum, Solani* et *Allii.*

Crocysporium Corda (2) (spore en duvet, en flocon).

Petits amas de cellules formant des glomérules blancs d'abord à la surface, puis à l'intérieur du bois pourrissant.

(1) Ueber die auf Wurzelsymbiose beruhende Ernährung gewisser Bäume durch unterirdische Pilze (*Deutsch. botan. Gesellschaft*, t. III, p. 128).
(2) *Anleitung Studium d. Mykologie*, 1842.

Toutes ces cellules disposées en files rayonnantes autour d'un point s'anastomosent entre elles, soit dans une même file, soit dans deux files voisines; les cellules terminales externes d'une file sont sphériques, les cellules internes sont oblongues.

Espèces principales: *C. torulosum*, etc.

Cette dernière espèce a été étudiée par M. Sorokine (1). Elle se développe sur le bois pourrissant où elle forme de petits nœuds blancs qui naissent sur un mycélium qui pénètre dans le bois. Sorokin admet que le *C. torulosum* n'a pas de spores; en semant les cellules internes qui constituent les masses hémisphériques, il n'a pas eu de germination; il a pu voir cependant les cellules externes bourgeonner quelquefois (fig. 184, 3). Il admet que la forme actuelle n'est qu'un stade de repos d'un Champignon inconnu, et la compare à un sclérote.

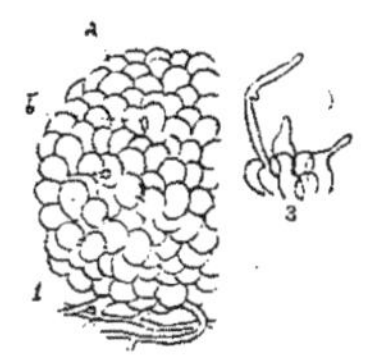

Fig. 190. — *Crocysporium torulosum.* 1, Aspect général, *a*, cellules externes, *b*, anastomose; 2, *a*, anastomose dans une file, *b*, *c*, anastomoses de deux files voisines; 3, germination (d'après Sorokine).

Ces organes ont été décrits d'abord par Corda pour le *Crocysporium Ægerita;* il les avait rangés près des Tuberculariées. Preuss a décrit le *C. album* et Bonorden le *C. torulosum.*

(1) *Ann. sc. nat., Bot.*, 1876, t. IV. p. 138, une planche.

COMPLÉMENT.

Péronosporées. Famille naturelle.

Filaments stériles et fertiles non cloisonnés. Deux modes de reproduction : 1° conidies pouvant en germant donner des zoospores ou un filament non cloisonné ; 2° œufs produits par la fécondation d'une oosphère au moyen d'un filament anthéridique.

A. Conidies en chapelet. Mycélium émettant des suçoirs à l'intérieur de la plante nourricière... **Cystopus**.
B. Conidies non en chapelet.
    a. Conidies d'abord terminales, puis rejetées de
 côté par le développement des conidies sui-
 vantes... **Phytophthora**.
    b. Conidies toujours terminales.
       † Support conidifère à courtes branches
 droites. Conidies donnant des zoospores
 ou émettant à l'extérieur leur protoplasma en une seule masse.
      aa. Œuf à paroi épaisse. Conidies produisant
 des zoospores....................... **Sclerospora**.
      bb. Œuf à paroi mince. Conidies produisant
 des zoospores ou rejetant d'abord leur
 protoplasma à l'extérieur........... **Plasmopora**.
      †† Support conidifère très ramifié à branches
 arquées. Conidies germant directement.
      aa. Extrémité des ramuscules fructifères en
 un petit plateau. Conidies bourgeonnant
 au sommet à la germination.......... **Bremia**.

bb. Extrémité des ramuscules fructifères en
poinçon. Conidies bourgeonnant sur le
côté à la germination............... **Peronospora.**

Entomophthorées. Famille naturelle.

Spores portées à l'extrémité d'un filament simple ou ramifié et lancées en l'air à la maturité. Thalle se développant à l'intérieur des animaux ou des végétaux. Zygospores connues dans plusieurs espèces.

A. Champignons vivant sur les animaux.
    a. Spores seules ou spores et kystes connus.
        † Mycélium uniquement interne. Support
          sporifère simple..................... **Empusa.**
        †† Mycélium en partie externe. Support sporifère ramifié...................... **Entomophthora.**
    b. Kystes seuls connus...................... **Tarichium.**
B. Champignons vivant sur les végétaux ou saprophytes.
    a. Mycélium très développé sur des *champignons.* Spores lancées directement par les basides. Zygospores formées par copulation de deux filaments différents...................... **Conidiobolus.**
    b. Mycélium *saprophyte* sur des excréments de grenouille, etc. Spores lancées avec la partie supérieure de la baside dont elles se séparent en l'air. Zygospores formées par la copulation de deux cellules voisines d'un même filament.......................... **Basidiobolus** (1).
    c. Mycélium parasite des *prothalles* de Fougères. Branches extérieures portant des spores avec une columelle. Kystes............... **Completoria.**

BACTÉRIACÉES (2).

I. Micrococcacées. — Cellules toujours rondes immobiles. Spores formées par toute la cellule.

A. Cellule ou colonie *libre.*
    a. Cellules *isolées* ou par deux (en huit)........ **Micrococcus.**
    b. Cellules formant un *filament*................ **Streptococcus.**

(1) Ce nom a été donné par Cienkoswski à une autre plante, p. 176.
(2) La classification de cette famille est très insuffisante et provisoire, car on a peu de données sur l'évolution de ces végétaux.

c. Cellules formant une *surface.*

    *Cellules sur un *plan*. . . . .   **Lampropedia.**

    Cellules sur une *sphère* creuse . . . .   **Lamprocystis.

B. Cellule ou colonie entourée d'une *matière gélati-*
    neuse.

    a. Cellules *isolées* ou groupées *irrégulièrement.*

      *Chaque cellule ou chaque petite colonie
        dans une gaine gélatineuse simple . . . . . .   **Hyalococcus.**

      ** Chaque cellule ou chaque petite colonie dans
        une gaine gélatineuse à plusieurs couches.   **Leucocystis.**

      *** Colonie entière enveloppée d'une gaine gé-
        latineuse . . . .   **Ascococcus.**

    b. Colonie de forme *régulière.*

      *Colonie en forme de ballot, chaque cellule
        ayant une gaine gélatineuse . . . .   **Sarcina.**

      ** Colonie en forme de chapelet. Chaque colo-
        nie entourée d'une gaine gélatineuse . . . .   **Leuconostoc.**

II. Bactériacées. — **Cellules en forme de bâtonnets.**

A. *Pas* de gaine gélatineuse.

    a. Cellule *droite* ou un peu courbée (mobile ou
      non).

      *Cellule *elliptique* . . . .   **Bacterium.**

      ** Cellule *cylindrique.*

      † Cellule relativement large (5 μ). Contenu
        rougeâtre . . . .   **Chromatium.**

      †† Cellule étroite.

      . Cellule sporifère cylindrique . . . .   **Bacillus.**

      .. Cellule sporifère en fuseau ou en massue.   **Clostridium.**

    b. Cellule ou file de cellules *spiralée* (mobile le
      plus souvent).

      *Spirale rigide (spore endogène) . . . .   **Spirillum.**

      ** Spirale flexible.

      † Plante connue à l'état de longue spirale.
        Spores inconnues . . . .   **Spirochaete.**

      †† Plante connue sous deux états: longue spi-
        rale et filament arqué (spore formée par
        toute la cellule) . . . .   **Microspira.**

B. Une *enveloppe gélatineuse.*

    a. Gaine gélatineuse contenant un *petit nombre*
      de cellules . . . .   **Myconostoc.**

    b. Gaine gélatineuse brunissant à la fin, conte-
      nant un *grand nombre* de cellules . . . .   **Cystobacter.**

III. Desmobactériacées. — **Long filament le plus souvent enveloppé d'une gaine.**

A. Filament *non ramifié. Leptotrichacées.*
  a. Filament toujours immobile.
    * Gaine *mince.* Multiplication par désarticulation .... **Leptothrix.**
    ** Gaine *épaisse.* Formation de spores....... **Crenothrix.**
  b. Filament mobile........................... **Beggiatoa.**
B. Filament *ramifié. Cladotrichacées.*
  a. Filament *non* renflé *en massue* à l'extrémité.
    * Filaments libres........................... **Cladothrix.**
    ** Filaments en faisceaux, réunis par une partie gélatineuse........................... **Sphærotilus.**
  b. Filament renflé *en massue* à l'extrémité.... **Actinomyces.**

Addenda.

Walzia Sorokine (1).

Champignons parasites du *Mucor Mucedo.* Filaments stériles s'enroulant autour des hyphes de ce dernier. Filament fructifère légèrement tordu en spirale, renflé en une sphère à son extrémité. Cette sphère se remplit d'huile et constitue la spore qui est entourée bientôt d'une assise de cellule. Cette enveloppe est formée par le bourgeonnement de la cellule supérieure du pied. La spore en germant donne une fructification conidiale qui rappelle les *Penicillium.*

Espèce principale : *W. racemosa.*

Remarque. — Les organes que M. Sorokine désigne sous le nom de spores paraissent se rapprocher un peu des bulbilles des *Papulaspora.* Ce rapprochement se trouve en partie confirmé par la production d'une forme conidiale qui rappelle les *Penicillium.* Les *Walzia* de M. Sorokine seraient peut-être des bulbilles sclérotiformes des *Penicillium.*

(1) *Arbeiten der dritten Versammlung russicher Naturforscher zu Kiew,* 1873, p. 45-47.

Drepanospora Berk et Curt. (1) (spore en forme de faux).

Filaments stériles rampants, ridés. Filaments fertiles flexueux, cloisonnés, portant au sommet de courts rameaux sporifères. Spores très longues, un peu en faux, présentant plusieurs cloisons parallèles entre elles.
Une seule espèce connue : *D. pannosa*.

Didymaria. — D'après les recherches de Zopf (2), le *Didymaria Helvellae* serait l'état conidial d'un *Melanospora* parasite sur l'*Humaria carneo-sanguinea*.

Asterophora. — M. Brefeld, dans son dernier travail (3), annonce qu'il est arrivé à cultiver les *Nyctalis* de manière à reproduire complètement l'appareil fructifère. Il s'est convaincu que l'*Asterophora* peut apparaître seul dans les cultures et se développe à la surface des chapeaux qui portent les basides. Les cultures ont donc entièrement justifié l'opinion de de Bary.

Tuburcina. — Ustilaginée produisant un appareil conidien formé par des filaments qui traversent l'épiderme inférieur de la feuille en passant par les pores des stomates ou en s'insinuant entre les cellules épidermiques. A leur sommet, il se produit une première conidie qui se détache, puis une deuxième, etc.
Il est à remarquer, à ce propos, que les spores des Ustilaginées ou les teleutospores des Urédinées donnent en germant un appareil filamenteux produisant des spores germant dans l'eau. Dans les milieux nutritifs on obtient avec les dernières des cellules bourgeonnantes qui rappellent les e vures (4).

(1) North Americ. Fung., n° 641.
(2) Ueber Sordaria und Melanospora (*Verhandl. des bot. Vereins der Provinz Brandenburg*, 1875, p. 78).
(3) Basidiomyceten, II. Protobasidiomyceten, 1888.
(4) Brefeld. Brandpilze (*Bot. Unters. über Hefenpilze*).

CONCLUSIONS.

En rassemblant, ainsi que nous venons de le faire, les
éléments qui pourront permettre d'écrire l'histoire des Mucédinées, nous avons constaté l'absence presque complète
de documents sur l'immense majorité de ces Cryptogames.
Quant aux espèces peu nombreuses sur lesquelles on possède des renseignements, l'insuffisance des méthodes em-
ployées par ceux qui les ont étudiées nécessitera très
souvent de nouvelles recherches. Il est certain que l'on
peut arriver à établir par la connexion des tissus un grand
nombre de faits intéressants, et ce mode de recherche a
toujours été celui de Tulasne, mais on ne doit s'en servir
qu'avec la plus grande prudence. Nous avons vu, au cours
de cette étude, que cette méthode avait conduit ce mycologue illustre à affirmer plusieurs faits qui n'ont pas été
vérifiés depuis.

Une autre conclusion à laquelle nous avons été conduit
par notre étude, c'est que les Mucédinées ne doivent pas
être exclusivement rattachées aux Ascomycètes. Un certain
nombre d'entre elles doivent être reliées aux Basidiomycètes
et quelques-unes forment probablement des familles ou des
groupes naturels. Résumons brièvement les principaux
faits que nous avons relevés relativement à ces trois caté-
gories de Mucédinées qui appartiennent à des Ascomycètes,
à des Basidiomycètes et à des groupes nouveaux.

Ascomycètes. — Il est toujours vraisemblable que la
plus grande partie des Mucédinées devra être rattachée aux

Ascomycètes, ce qui se conçoit, puisque ce groupe est probablement le plus important du règne végétal; aussi, au point de vue de la classification de cette famille, l'étude des Champignons filamenteux offrira-t-elle toujours beaucoup d'intérêt.

Les résultats déjà acquis pour quelques genres montrent quel parti on pourra tirer de la connaissance des formes imparfaites; on peut aisément se convaincre que la ramification, le mode de naissance des spores, le nombre et la succession de ces appareils conidiens peuvent servir à isoler des groupes naturels (*Hypomyces*, *Melasnopora*, etc.); dans certains cas (*Aspergillus*, *Penicillium*, etc.), on peut même dire qu'un genre est mieux défini par la forme filamenteuse que par les périthèces. D'un autre côté, il est présumable que l'étude des états conidiens permettra de mieux subdiviser certaines familles. Les renseignements que l'on possède sur le groupe des Pézizes peuvent amener à cette opinion; on voit, en effet, les systèmes conidiens affecter des formes très variées quand ils appartiennent à des espèces éloignées : les *Peziza Fuckeliana*, *mycetophila* et *Asterigma* ont respectivement des appareils conidiens qui se rattachent aux *Polyactis*, aux *Amblyosporium* et aux *Œdocephalum;* par contre, les deux Pézizes très voisines, *P. Fuckeliana* et *tuberosa* ont un appareil conidien semblable.

L'importance de ce genre de recherches vient d'ailleurs d'être démontrée par M. Brefeld et ses collaborateurs dans leurs études sur les Trémellinées. Les Basidiomycètes, en effet, possèdent aussi des appareils de reproduction filamenteux.

Basidiomycètes. — On avait décrit autrefois les appareils conidiens chez quelques espèces de ce groupe. On savait que les Coprins donnent dans les cultures appauvries de petits arbuscules qui se désarticulent en bâtonnets; on avait également constaté que quelques Agarics, les *Cyathus* et les *Nidularia*, peuvent produire à l'extrémité d'un rameau court des faisceaux de longues baguettes, ou des spirales qui se fragmentent en spores. Les recherches plus récentes de MM. Ludwig, Boudier, Patouillard et de Seynes ont étendu ces résultats aux Cyphelles, aux Polyporées ; ces dernières se présentent à l'état conidial sous l'aspect de *Ptychogaster* et de *Ceriomyces*. MM. Brefeld, Istvannffy et Olsen, ainsi que nous venons de le dire, ont fait la même découverte pour les Trémellinées ; à l'aide de cultures, ils sont parvenus à obtenir l'appareil conidien de plusieurs genres de cette famille. Ils ont pu observer les variations de ce dernier mode de reproduction, ainsi que celles du système basidifère ; tandis que l'appareil parfait permet de caractériser les familles, l'appareil imparfait sert à déterminer les genres.

Ces résultats seront probablement généralisés, car les mêmes auteurs annoncent la publication prochaine du résultat de cultures nouvelles dans lesquelles ils ont obtenu le développement complet du *Polyporus biennis* et du *Nyctalis*; ils sont arrivés à démontrer, par cette méthode rigoureuse, que les *Asterophora* dépendent bien de ce dernier Champignon.

Tout porte donc à penser que les formes filamenteuses des Basidiomycètes sont bien plus communes qu'on ne l'a cru jusqu'ici, et qu'elles ont dû être souvent décrites à l'état isolé comme Mucédinées.

Groupes naturels. — Enfin la revision que nous venons de faire nous amène à admettre l'existence de groupes naturels parmi lesquels il faut citer principalement le groupe des Martensellées et celui des Rhopalomycées.

Deux hypothèses ont pu être soutenues à l'égard des premières ; on a pu penser qu'elles étaient voisines des Mucorinées ou qu'elles représentaient des états conidiens d'Ascomycètes. Dans les deux cas, on peut dire que le groupe formé des *Martensella, Kickxella, Coëmansia* et *Coronella* est un groupe naturel, que cet ensemble ait la valeur d'une famille ou d'une tribu.

Mais c'est surtout sur les *Rhopalomyces* que nous devons appeler l'attention des lecteurs, car ces espèces forment un genre homogène, très naturel et autonome, représentant unique d'une famille spéciale, voisine des Mucorinées.

On peut espérer qu'une étude plus attentive de la structure et du développement des Champignons inférieurs, dans des conditions très variées, feront découvrir encore bien des choses, non soupçonnées dans ce groupe des Mucédinées, si intéressant par l'infinie variété de ses formes.

On ne saurait donc trop recommander à tous les chercheurs soucieux du perfectionnement de la Mycologie l'étude de végétaux dont la connaissance contribuera si puissamment à amener le progrès de cette branche de la science.

TABLE ALPHABÉTIQUE DES MATIÈRES

Ptychogaster, 205.

R

Ramularia, 10, 11, *72*.
Racodium, 25, *194*.
Rhinocladium, 18.
Rhinotrichum, 13, 18, *99*.
Rhizoctonia, 196.
Rhopalomyces, 7, *37*, 55, 57, 205.
Rosellinia, 141.
Rotæa, 23, 25, *174*.

S

Saccharomyces, 21, 142, *161*, 164.
Sarcina, 200.
Sarcinella, 20, 88, 142, *158*.
Sarcopodium, 19, *149*.
Sceptromyces, 15, 114, *118*.
Scinatosporium, 11, *83*.
Scirrhia, 63, 64.
Sclerospora, 196.
Sclerotium, 132.
Scolecotrichum, 13, 76, *99*, 100.
Scopularia, 14, 25, *188*.
Selenesporium, 73.
Sepedonium, 9, 20, *59*, 60, 67, 191.
Septocylindrium, 24, *184*.
Septonema, 24, *185*.
Septosporium, 19, *154*.
Siphopodium, 17, *126*.
Sirodesmium, 24, *185*.
Sordaria, 54.
Speira, 23, *172*.
Sphærella, 70, 73, 75.
Sphæria, 69.
Sphærotilus, 200.
Sphondylocladium, 8, 16, *122*.
Spicaria, 14, 16, 122.
Spicularia, 17, *136*.
Spilocœa, 70.
Spirillum, 200.
Spirochæte, 200.
Sporadospora, 20, *157*.
Sporendonema, 25, *191*.
Sporochisma, 25, *192*.
Sporodesmium, 23, 170.
Sporotrichum, 20, *157*.
Stachybotrys, 12, 14, *97*.
Stachylidium, 16, 25, *119*.
Stemphylium, 11, 20, *84*.
Sterigmatocystis, 7, 27, 29, *31*, 110.
Stigmatea, 70, 73.

Stigmella, 23, *170*.
Stigmina, 22, *168*.
Stilbodendron, 7, *41*.
Streptococcus, 199.
Streptothrix, 17, *128*, 195.
Stysanus, 73, 112.
Sycosis, 157, 178.
Syncephalis, 49.
Synsporium, 17, *138*.

T

Tapezia, 149.
Tarichium, 199.
Tetraploa, 23, *169*.
Tinea, 157.
Titæa, 11, 23, *80*.
Tolypomyria, 17, 25, *137*.
Torula, 24, *181*.
Trichægum, 13, *155*.
Trichocephalum, 14, *106*.
Trichocladium, 10, 22, 71.
Trichoderma, 17, *129*.
Trichophyton, 158, 177, 178.
Trichosporium, 18, 20, 138, *140*.
Trichothecium, 10, *64*, 94.
Tridentaria, 23, *173*.
Trinacrium, 11, 23, *80*.
Triposporium, 11, *81*.
Tuburcinia, 9, 202.

U

Uncigera, 15, *116*.
Uncinula, 180.
Urosporium, 22, *169*.

V

Verticicladium, 16, *121*.
Verticillium, 15, 67, *114*, 118, 123.
Virgaria, 9, 17, *127*.

W

Walzia, *202*.

X

Xenodochus, 11, *86*.

Z

Zygodesmus, 12, *91*.
Zygosporium, 19, *151*.

852-89. — CORBEIL. Imprimerie CRÉTÉ.